AS LEIS DO SUCESSO

as **16 lições** práticas de **Napoleon Hill**

Título original: *The Law of Success*

As leis do sucesso
1ª edição: Julho 2023

Autor:
Napoleon Hill
Fundação Napoleon Hill

Tradução:
Caio Pereira

Preparação de texto:
3GB Consulting

Revisão:
Iracy Borges
Lays Sabonaro

Projeto gráfico e capa:
Jéssica Wendy

DADOS INTERNACIONAIS DE CATALOGAÇÃO NA PUBLICAÇÃO (CIP)

Hill, Napoleon, 1883-1970
As leis do sucesso: as 16 lições práticas de Napoleon Hill / Napoleon Hill ; tradução de Caio Pereira. — Porto Alegre : Citadel, 2022.
256 p.

ISBN 978-65-5047-154-5
Título original: The Law of Success

1. Autoajuda 2. Sucesso I. Título II. Pereira, Caio

22-1623 CDD - 158.1

Angélica Ilacqua - Bibliotecária - CRB-8/7057

Produção editorial e distribuição:

CITADEL
Grupo Editorial

contato@citadel.com.br
www.citadel.com.br

NAPOLEON HILL

AS LEIS DO SUCESSO

as 16 lições práticas de Napoleon Hill

Tradução:
Caio Pereira

CITADEL
Grupo Editorial

2023

SUMÁRIO

INTRODUÇÃO

Comissionado por Andrew Carnegie em 1908 para pesquisar e documentar o primeiro estudo sobre o que faz as pessoas serem bem-sucedidas, Napoleon Hill publicou *As leis do sucesso: as 16 lições práticas de Napoleon Hill*, um curso em dezesseis lições e oito volumes, em 1928. Muitos outros livros de Napoleon Hill vieram em seguida, incluindo o mais famoso e vendido, *Quem pensa enriquece*, edição oficial e original de 1937. Contudo, *As leis do sucesso: as 16 lições práticas de Napoleon Hill* continua sendo um livro famoso até hoje, visto que contém o fruto de vinte anos de pesquisa e entrevistas com mais de quinhentos homens de sucesso. O livro foi, de fato, pioneiro na área, como o Sr. Carnegie planejara e sonhara, e continua sendo uma importante análise e exposição do que o Sr. Hill chamou de "ciência do sucesso".

A publicação original continha 1.170 páginas. Houve muitos pedidos, ao longo dos anos, para que houvesse uma versão mais concisa e compacta, mas que contivesse as lições básicas descobertas e contidas na discussão acerca dos princípios do sucesso. Os curadores da Fundação Napoleon Hill ouviram esses apelos e engajaram-se na tarefa de produzir esse livro, que contém o que eles viam como as lições essenciais e as partes mais importantes do trabalho original, e o que você está prestes a ler é o resultado.

Nesta versão, dispensamos as citações de terceiros e os ensaios "Depois da lição", do trabalho original, apagamos algumas histórias que foram repetidas em outros livros de Hill publicados depois de 1928, e eliminamos as repetições – bastante valorizadas pelo Sr. Hill como método de aprendizado, mas que não são apropriadas a um volume compacto. Os curadores acreditam – e esperam que você concorde com eles – que o volume resultante contém toda a sabedoria essencial deste trabalho inovador, *As leis do sucesso: as 16 lições práticas de Napoleon Hill.*

Sou diretor-executivo da Fundação Napoleon Hill desde 2000, e eu e os demais curadores que contribuíram para este trabalho temos quase duzentos anos somados de serviço prestado à fundação. Acredito que todos esses anos foram experiência suficiente para produzir a melhor destilação do trabalho inspirador de Napoleon Hill, e me orgulho de apresentar este livro para o seu divertimento, apreço e aprendizado.

– **Don M. Green**
Diretor-executivo, executivo-chefe e curador.

HOMENAGENS PRESTADAS A *AS LEIS DO SUCESSO: AS 16 LIÇÕES PRÁTICAS DE NAPOLEON HILL* POR GRANDES LÍDERES NORTE-AMERICANOS

Os editores acreditam que você terá uma percepção maior do imenso valor destas lições se primeiro ler alguns comentários escritos por grandes líderes das finanças, da ciência da invenção e da vida política.

> ***Suprema Corte dos Estados Unidos***
>
> ***Washington, D.C.***
>
> Meu caro Sr. Hill, acabo de ter a oportunidade de concluir a leitura de suas lições em *As leis do sucesso: as 16 lições práticas de Napoleon Hill*, e gostaria de expressar o meu apreço pelo esplêndido trabalho que você fez nessa filosofia. Seria muito útil se todo político do país assimilasse e aplicasse os princípios nos quais se baseia *As leis do sucesso: as 16 li-*

ções práticas de Napoleon Hill. O livro contém material excelente, que todo líder em todas as áreas da vida deveria compreender.

– **William H. Taft**
(Ex-presidente dos Estados Unidos e juiz-chefe)

Laboratório de Thomas A. Edison

Meu caro Sr. Hill, permita-me expressar meu apreço pela cortesia a mim prestada, por você, ao me enviar o manuscrito original de *As leis do sucesso: as 16 lições práticas de Napoleon Hill.* Vejo que você despendeu boa quantia de tempo e reflexão nessa preparação. Sua filosofia é adequada, e você deveria ser parabenizado por ater-se a seu trabalho por esse longo período de tantos anos. Seus alunos... serão amplamente recompensados pelo trabalho deles.

– **Thomas A. Edison**

Public Ledger
Jornal da Filadélfia

Caro Sr. Hill, obrigado por seu livro *As leis do sucesso: as 16 lições práticas de Napoleon Hill.* O material é ótimo; pretendo ler até o final. Gostaria de republicar a história "O que eu faria se tivesse um milhão de dólares" na seção de negócios do *Public Ledger.*

– **Cyrus H. K. Curtis**
(Editor do *Saturday Evening Post, Ladies Home Journal*)

Rei das lojas 5 and 10 Cent

Empregando muitos dos princípios fundamentais da filosofia de *As leis do sucesso: as 16 lições práticas de Napoleon Hill*, construímos uma grande cadeia de lojas de sucesso. Presumo que não seria exagero algum se eu dissesse que o edifício Woolworth poderia ser apropriadamente chamado de um monumento à solidez desses princípios.

– F. W. Woolworth

Líder trabalhista norte-americano histórico

A maestria na filosofia de *As leis do sucesso: as 16 lições práticas de Napoleon Hill* é equivalente a uma apólice de seguro contra o fracasso.

– Samuel Gompers

Um ex-presidente

Permita-me parabenizá-lo por sua persistência. Qualquer homem que devota todo esse tempo… deve, por necessidade, fazer descobertas de grande valor para os outros. Estou profundamente impressionado com a sua interpretação dos princípios do “MasterMind”, que você descreveu tão claramente.

– Woodrow Wilson

O fundador de uma loja de departamento

Sei que seus princípios acerca do sucesso estão corretos, porque eu os emprego nos meus negócios há mais de trinta anos.

– **John Wanamaker**

Do fundador da Kodak

Sei que você está fazendo uma bondade imensa com seu *As leis do sucesso: as 16 lições práticas de Napoleon Hill.* Eu não me importaria de colocar preço nesse treinamento, porque ele traz ao aluno qualidades que não podem ser medidas apenas pelo dinheiro.

– **George Eastman**

Um executivo-chefe do ramo dos doces

Todo o sucesso que creio ter alcançado devo inteiramente à aplicação dos seus princípios contidos em *As leis do sucesso: as 16 lições práticas de Napoleon Hill.* Acredito que tenho a honra de ter sido o seu primeiro aluno.

– **William Wrigley, Jr.**

DEDICADO A

Andrew Carnegie*, que sugeriu que eu escrevesse o livro, e a* ***Henry Ford****, cujas espantosas realizações compõem o fundamento de praticamente todas as lições do curso, e a* ***Edwin C. Barnes****, parceiro de negócios de Thomas A. Edison, cuja amizade íntima, ao longo de um período de mais de quinze anos, serviu para ajudar o autor a seguir em frente diante de uma grande variedade de adversidades e muitas derrotas temporárias encontradas na organização do curso.*

UMA DECLARAÇÃO PESSOAL DO AUTOR

Uns trinta anos atrás, um jovem clérigo chamado Gunsaulus anunciou nos jornais de Chicago que pregaria um sermão na manhã do domingo seguinte com este título: "O que eu faria se tivesse um milhão de dólares".

O anúncio chamou a atenção de Philip D. Armour, o abastado rei das empresas de processamento, que decidiu assistir ao sermão.

No sermão, o Dr. Gunsaulus imaginou uma grande escola de tecnologia na qual rapazes e moças poderiam ser ensinados a ter sucesso na vida desenvolvendo a habilidade de pensar de modo prático, em vez de teórico; onde seriam ensinados a "aprender fazendo". "Se eu tivesse um milhão de dólares", disse o jovem pastor, "eu inauguraria uma escola dessas."

Terminado o sermão, o Sr. Armour cruzou a nave até o púlpito, apresentou-se e disse: "Meu rapaz, acredito que você poderia fazer tudo que disse que faria, e, se você vir ao meu escritório amanhã de manhã, eu lhe darei o milhão de dólares de que você precisa".

Sempre existe capital em abundância para aqueles que conseguem criar planos práticos para usá-lo.

Esse foi o começo do Instituto de Tecnologia Armour, uma das primeiras escolas práticas do país. A escola nasceu na "imaginação" de um jovem rapaz do qual nunca se ouvira falar fora da comunidade em que ele pregava, não fosse pela "imaginação" somada ao capital de Philip D. Armour.

Toda grande ferrovia e toda admirável instituição financeira e todo negócio gigante e toda grande invenção começaram na imaginação de uma pessoa.

F. W. Woolworth criou o projeto das lojas Five and Ten Cent na "imaginação" antes de ele tornar-se realidade e fazer dele um homem multimilionário.

Thomas A. Edison criou a máquina falante, a máquina de fotos em movimento, a lâmpada elétrica incandescente e diversas outras invenções úteis em sua "imaginação" antes de que tudo isso se tornasse realidade.

Durante as queimadas de Chicago, diversos mercadores cujas lojas pegaram fogo fitavam as cinzas ardentes das ruínas de seus empreendimentos, lamentando a perda. Muitos deles resolveram ir embora para outras cidades, a fim de começar de novo. Entre eles estava Marshall Field, que viu em sua "imaginação" a maior loja de varejo do mundo de pé no mesmo ponto em que estivera sua loja anterior, que nesse momento não passava de uma pilha de tábuas de madeira chamuscada. Essa loja virou realidade.

Afortunado é o rapaz ou a moça que aprende cedo na vida a usar a imaginação, e ainda mais nesta era de maiores oportunidades.

A imaginação é uma faculdade da mente que pode ser cultivada, desenvolvida, estendida e ampliada pelo uso. Se isso não fosse verdade, este curso das Leis do Sucesso jamais teria sido criado, porque ele foi concebido primeiro na "imaginação" do autor, a partir da simples semente de uma ideia que foi semeada por um comentário casual do falecido Andrew Carnegie.

Onde você estiver, seja você quem for, seja lá o que estiver fazendo como ocupação, existe a chance de se tornar mais útil, e, nesse sentido, mais produtivo, ao desenvolver e usar sua "imaginação".

O sucesso, neste mundo, é sempre uma questão de esforço individual; entretanto, você só vai enganar a si mesmo se acreditar que pode ser bem-sucedido sem a cooperação de outras pessoas. O sucesso é uma questão de esforço individual somente no sentido de que cada pessoa deve decidir, mentalmente, o que deseja. Isso envolve o uso da "imaginação". A partir desse ponto, alcançar o sucesso é questão de habilmente, com tato, induzir os outros a cooperar.

Antes de garantir a cooperação dos outros – melhor dizendo, antes de você ter o direito de pedir ou esperar que outras pessoas cooperem com você –, é preciso, primeiro, mostrar-se disposto a cooperar com eles. Por esse motivo, a oitava lição deste livro, sobre o hábito de fazer mais do que lhe pagam para fazer, é uma lição que deve receber sua atenção mais séria e concentrada. A lei na qual se baseia essa lição poderia, sozinha, praticamente garantir o sucesso a todos aqueles que a praticam em tudo que fazem.

Anexada à Lição Um, você encontrará uma Tabela de Análise Pessoal na qual dez homens famosos foram analisados, para que você possa estudar e comparar. Observe com atenção essa tabela e repare nos "pontos perigosos" que podem levar ao fracasso aqueles que não prestam atenção a esses sinais. Dos dez homens analisados, oito são considerados casos de sucesso, enquanto dois podem ser considerados fracassados. Estude com atenção o motivo pelo qual esses dois homens fracassaram.

Em seguida, estude a si mesmo. Nas duas colunas que foram deixadas em branco para esse propósito, atribua a si mesmo uma nota em cada uma das Leis do Sucesso listadas no começo deste curso; ao final do curso, atribua notas mais uma vez e observe as melhoras que você já alcançou.

O propósito do livro *As leis do sucesso: as 16 lições práticas de Napoleon Hill* é permitir que você descubra como pode tornar-se mais habilidoso na sua área de trabalho. Para esse fim, você será analisado, e todas as suas qualidades serão classificadas, de modo que você possa organizá-las e fazer o melhor uso possível delas.

– NAPOLEON HILL
Autor de *As leis do sucesso: as 16 lições práticas de Napoleon Hill*

AGRADECIMENTOS DO AUTOR PELA AJUDA RECEBIDA AO LONGO DA ESCRITA DESTE CURSO

Este livro é o resultado de uma análise cuidadosa da história de vida e trabalho de mais de cem homens e mulheres que alcançaram sucesso extraordinário em suas vocações.

O autor do livro passou mais de vinte anos reunindo, classificando, testando e organizando as leis sobre as quais este livro se baseia. Em seu trabalho, ele recebeu valorosa assistência tanto pessoalmente quanto estudando a vida das seguintes pessoas:

Henry Ford
Edward Bok
Thomas A. Edison
Cyrus H. K. Curtis
Harvey S. Firestone
George W. Perkins
John D. Rockefeller
Henry L. Doherty
Charles M. Schwab

George M. Schwab
George S. Parker
Woodrow Wilson
Dr. C. O. Henry
Darwin P. Kingsley
General Rufus A. Ayers
Wm. Wrigley Jr.
Juiz Elbert H. Gary
A. D. Lasker
William Howard Taft
E. A. Filene
Dr. Elmer Gates
James J. Hill
John W. Davis
Samuel Gompers
F. W. Woolworth
Capitão George M. Alexander (de quem o autor foi assistente)
Juiz Daniel T. Wright (um dos professores de direito do autor)
Hugh Chalmers
Dr. E. W. Strickler
Elbert Hubbard
Edwin C. Barnes
Luther Burbank
Robert L. Taylor (Fiddling Bob)
O. H. Harriman
John Burroughs
George Eastman
E. H. Harriman
E. M. Statler
Charles P. Steinmetz
Andrew Carnegie
Frank Vanderlip
John Wanamaker
Theodore Roosevelt

Marshall Field
Wm. H. French
Dr. Alexander Graham Bell (a quem o autor deve crédito por boa parte da Lição Um)

Das pessoas listadas, talvez Henry Ford e Andrew Carnegie devessem ser reconhecidos como tendo contribuído mais para a construção deste livro. Andrew Carnegie foi quem primeiro sugeriu que Napoleon Hill o escrevesse; e a história de vida de Henry Ford forneceu boa parte do material a partir do qual o livro foi desenvolvido.

Alguns desses homens já faleceram, mas, àqueles que ainda estão vivos[1], o autor gostaria de deixar aqui um grande agradecimento pelo serviço que prestaram, sem o qual este livro jamais teria sido escrito.

O autor estudou a maioria desses homens bem de perto, pessoalmente. Com muitos deles, ele detém, ou deteve, antes de sua morte, o privilégio de uma íntima amizade que lhe permitiu reunir, da filosofia deles, fatos que não teriam sido disponibilizados sob outras condições.

O autor é grato por ter aproveitado o privilégio de empregar os serviços dos homens mais poderosos da Terra na construção do livro *As leis originais do triunfo de Napoleon Hill.* Esse privilégio foi, por si só, remuneração suficiente pelo trabalho feito, ainda que nada mais fosse recebido por ele.

Esses homens foram a espinha dorsal, a fundação e o esqueleto dos negócios, finanças, da indústria e do estadismo norte-americanos.

1. Referência ao momento em que o livro foi escrito (N.E.).

LIÇÃO UM

O MASTERMIND

"Você consegue fazer se acreditar que consegue!"

Este é um curso acerca dos fundamentos do sucesso.

A função de toda pessoa na vida, ou pelo menos a coisa mais importante nela, é alcançar o sucesso. O sucesso, dentro do significado do termo conforme tratado neste livro sobre as leis do sucesso, é "a obtenção do seu objetivo principal definido, sem violar os direitos das outras pessoas". Qualquer que seja o seu maior objetivo na vida, você o obterá com muito menos dificuldade depois que tiver aprendido a cultivar uma personalidade agradável e depois que tiver aprendido a delicada arte de aliar-se com os outros, em determinada empreitada, sem atrito nem inveja.

Você jamais gozará de sucesso estrondoso na vida se não tiver poder, e *você jamais gozará de poder sem personalidade suficiente para influenciar outras pessoas a cooperar com você em um espírito de harmonia.* Este livro mostra, passo a passo, como desenvolver uma personalidade como essa.

Lição por lição, o que segue é uma afirmação daquilo que você pode esperar receber das Leis do Sucesso que se seguem a este capítulo:

I. O OBJETIVO PRINCIPAL DEFINIDO o ensinará a economizar o esforço desperdiçado que a maioria das pessoas despende tentando encontrar seu objetivo de vida. Essa lição lhe mostrará como livrar-se para sempre da falta de rumo e como colocar seu coração e suas mãos em um bem concebido e definido propósito como objetivo de vida.

II. A AUTOCONFIANÇA o ajudará a dominar os seis medos básicos com os quais toda pessoa é amaldiçoada: o medo da pobreza, o medo da falta de saúde, o medo da velhice, o medo da crítica, o medo da perda do amor de alguém e o medo da morte. Ela lhe ensinará a diferença entre egoísmo e autoconfiança legítima, que se baseia em conhecimento útil, definido.

III. O HÁBITO DE ECONOMIZAR lhe ensinará a distribuir seu salário de modo sistemático, de modo que uma porcentagem definida seja acumulada constantemente, formando assim uma das mais conhecidas fontes de poder pessoal. Ninguém tem sucesso na vida sem economizar dinheiro. Não há exceção para essa regra, e ninguém pode escapar dela.

IV. A INICIATIVA E A LIDERANÇA lhe mostrarão como tornar-se líder, em vez de seguidor, no seu campo de empreendimento. Elas desenvolverão em você o instinto de liderança que o farão gradualmente gravitar até o topo em todas as empreitadas das quais você participar.

V. A IMAGINAÇÃO estimulará a sua mente de modo que você conceba novas ideias e desenvolva novos planos que o ajudarão a alcançar seu objetivo principal definido. Essa lição lhe ensinará a "construir novas casas com pedras velhas", digamos assim. E lhe mostrará como criar novas ideias a partir de conceitos antigos e já conhecidos, bem como colocar ideias velhas em novos usos.

VI. O ENTUSIASMO lhe permitirá "saturar" tudo com que você entra em contato com interesse em você e em suas ideias. O entusiasmo é a fundação da personalidade agradável, e você deve ter uma personalidade como essa para influenciar os outros a cooperar com você.

VII. O AUTOCONTROLE é o "volante de equilíbrio" com o qual você controla o seu entusiasmo e o direciona para onde quer que ele o leve. Essa lição lhe ensinará, do modo mais prático, a tornar-se "mestre do seu destino, capitão da sua alma".

VIII. O HÁBITO DE FAZER MAIS DO QUE LHE PAGAM PARA FAZER é uma das mais importantes lições do livro *As leis do sucesso: as 16 lições práticas de Napoleon Hill*. Ela lhe ensinará a tirar vantagem da lei de retornos crescentes, que futuramente lhe garantirá retorno em dinheiro muito maior, em proporção, ao serviço que você rende. Ninguém se tornará líder de verdade, em qualquer estrada da vida, sem praticar o hábito de fazer mais trabalho e trabalho melhor do que aquele pelo qual é pago.

IX. A PERSONALIDADE AGRADÁVEL é o "fulcro" no qual você deve depositar o "pé de cabra" dos seus esforços, que, quando assim depositados, com inteligência, permitirão que você remova montanhas de obstáculos. Essa lição, sozinha, já criou uma série de mestres vendedores. Já criou líderes da noite para o dia.

X. PENSAR COM EXATIDÃO é uma das importantes pedras fundamentais de todo sucesso duradouro. Essa lição lhe ensina a separar "fatos" de mera "informação". Ensina a organizar fatos conhecidos em duas classes: os "importantes" e os "não importantes". Ensina a determinar o que é um fato "importante". Ensina a construir planos de trabalho definidos, na busca de qualquer vocação, a partir de fatos.

XI. A CONCENTRAÇÃO lhe ensina a focar a atenção em um assunto por vez até você ter projetado planos práticos para dominar o assunto. Ela lhe ensinará a aliar-se aos outros de tal maneira que você conte com todo o conhecimento deles para dar-lhe apoio em seus planos e propósitos.

XII. A COOPERAÇÃO lhe ensinará o valor do trabalho em equipe em tudo o que você faz. Nessa lição você será ensinado a aplicar a lei do "MasterMind". Essa lição lhe mostrará como coordenar seus esforços aos dos outros, de tal maneira que atrito, ciúme, conflito, inveja e avareza sejam eliminados. Você aprenderá a usar tudo o que as outras pessoas aprenderam acerca do trabalho no qual está engajado.

XIII. LUCRAR COM O FRACASSO lhe ensinará a transformar em degraus todos os seus erros e fracassos, do passado e do futuro. Ensinará a diferença entre "fracasso" e "derrota temporária", diferença essa que é muito grande e muito importante. Ensinará como lucrar com seus fracassos e com os fracassos das outras pessoas.

XIV. A TOLERÂNCIA lhe ensinará a evitar os efeitos desastrosos dos preconceitos raciais e religiosos que levam à derrota milhões de pessoas que se permitem ficar envolvidas em discussões tolas acerca desses assuntos, doravante envenenando suas mentes e fechando as portas para a razão e a investigação. A intolerância fecha o livro do conhecimento e escreve na capa: "*Finis*! Eu já aprendi tudo!". A intolerância torna inimigos aqueles que deveriam ser amigos. Destrói oportunidades e enche a mente de dúvida, desconfiança e preconceito.

XV. PRATICAR A REGRA DE OURO lhe ensinará a usar essa grande lei universal da conduta humana de tal maneira que você poderá facilmente obter cooperação harmoniosa de qualquer indivíduo ou grupo de indivíduos. A falta de entendimento da lei na qual a filosofia da Regra de Ouro se baseia é uma das maiores causas do fracasso de milhões de pessoas que permanecem na miséria, na pobreza e na falta, durante toda a vida. (Essa lição nada tem a ver com religião, de maneira alguma, nem com sectarismos, como não tem nenhuma das outras lições deste livro sobre *As leis do sucesso: as 16 lições práticas de Napoleon Hill.*)

Você deveria começar a ensinar essas leis àqueles em quem está mais interessado, pois é fato muito conhecido que, quanto mais se tenta ensinar um assunto, mais se aprende sobre ele. Um homem que tem toda uma família de meninos e meninas pode fixar tão indelevelmente essas leis do sucesso nas mentes deles que esse ensinamento transformará todo o curso das vidas deles.

O poder é um dos objetos básicos do empenho humano.

O poder divide-se em duas classes: aquele que é desenvolvido por meio da coordenação de leis físicas da natureza, e aquele que é desenvolvido pela organização e classificação do conhecimento.

O poder que cresce a partir do conhecimento organizado é o mais importante, porque coloca na posse do homem uma ferramenta com a qual ele pode transformar, redirecionar e, até certo ponto, dominar e usar a outra forma de poder.

Existem dois métodos principais de reunir conhecimento: a saber, o estudo, a classificação e a assimilação de fatos que foram organizados por outras pessoas; e um processo próprio de reunir, organizar e classificar fatos, geralmente chamado de "experiência pessoal". Essa lição trata principalmente dos modos e maneiras de estudar os fatos e dados reunidos e classificados por outras pessoas.

Thomas Paine foi uma das grandes mentes do período da Revolução Americana. A ele, mais talvez do que a qualquer outra pessoa, devemos tanto o início quanto o final feliz da revolução, pois foi sua mente aguçada que ajudou a desenhar a Declaração de Independência e a persuadir aqueles que assinaram o documento a traduzi-lo para a realidade.

Ao falar sobre a fonte de seu grandioso arcabouço de conhecimento, Paine o descreveu desta maneira:

> Qualquer pessoa que tenha feito observações acerca do estado de progresso da mente humana observando a própria mente, não pode ter deixado de ver que existem duas classes distintas do que chamamos de pensamentos: aqueles que produzimos dentro de nós mesmos pela reflexão ou pelo ato de pensar, e aqueles que disparam mente adentro por vontade própria. Sempre respeitei, como se fosse regra, o hábito de tratar esses visitantes voluntários com civilidade, tendo o cuidado de examinar, tão bem quanto eu podia, se valia a pena parar para lhes dar atenção; e foi deles que adquiri quase todo o conhecimento que tenho. Quanto ao aprendizado que qualquer pessoa adquire com a educação escolar, este serve somente como capital pequeno, para colocá-la no caminho de começar a aprender por si mesma dali em diante. Toda pessoa estudada acaba se tornando seu próprio professor, e o motivo para tanto é que os princípios não podem ser impressos na memória; seu local de residência na mente é o entendimento, e eles nunca duram muito como quando se originam na concepção.

MasterMind: chegamos agora ao passo seguinte na descrição dos modos e maneiras com os quais a pessoa pode reunir, classificar e organizar conhecimento útil por meio de uma aliança harmoniosa entre duas ou mais mentes, a partir do que cresce o MasterMind.

O termo "MasterMind" é abstrato e não tem correspondente no campo dos fatos conhecidos, exceto para um pequeno número de pessoas que fez um estudo cuidadoso do efeito que uma mente pode exercer sobre outras.

Este autor pesquisou em vão por todos os textos e ensaios acerca da mente humana, mas em nenhum lugar se encontra nem a menor referência ao princípio aqui descrito como o "MasterMind". O termo chamou a atenção do autor pela primeira vez durante uma conversa com Andrew Carnegie, em evento descrito na Lição Dois.

Com o propósito de estabelecer esta lição sobre uma fundação sólida, demos passos importantes em direção ao sucesso reconhecendo que o encontro ou a aproximação de duas mentes aciona em cada uma dessas mentes certo "efeito" perceptível, ou um estado mental, bastante diferente do que existia imediatamente antes do contato. Embora seja desejável, não é essencial saber qual é a "causa" dessa reação de mente sobre mente. Que a reação ocorre, todas as vezes, é fato conhecido que nos fornece um ponto inicial a partir do qual podemos mostrar o que queremos dizer com o termo "MasterMind".

MasterMind pode ser criado reunindo-se e misturando-se, em um espírito de perfeita harmonia, duas ou mais mentes. Dessa mistura harmoniosa, a mente cria uma terceira mente que pode ser apropriada e usada por uma ou por todas as mentes individuais. Esse MasterMind permanecerá disponível enquanto existir a aliança amigável, harmoniosa, entre as mentes individuais. Ela será desintegrada, e toda a evidência de sua existência anterior desaparecerá, no momento em que a aliança amigável for quebrada.

Retorne agora à definição de um "MasterMind" – uma mente que cresce a partir da mistura e coordenação de duas ou mais mentes em um espírito de perfeita harmonia – e você captará todo o significado da palavra "harmonia" conforme ela é usada aqui. Duas mentes não se misturarão nem podem ser coordenadas a não ser que o elemento de perfeita harmonia esteja presente, e é nisso que se encontra o segredo do sucesso ou do fracasso de praticamente todas as parcerias sociais e de negócios.

Todo comandante militar e todo líder em qualquer área da vida entende a necessidade de um "*esprit de corps*" – um espírito de compreensão e cooperação em comum – para a obtenção do sucesso. Esse espírito de harmonia de propósito é obtido por meio da disciplina, voluntária ou forçada, de tal natureza que as mentes individuais sejam misturadas em um "MasterMind", pelo que se quer dizer que essas mentes se fundem e funcionam como uma.

Os métodos pelos quais esse processo de mistura ocorre são tão numerosos quanto os indivíduos engajados nas diversas formas de liderança. Cada líder tem seu método próprio de coordenar as mentes dos seguidores. Um usará a força. Outro usará a persuasão. Um se valerá do medo das penalidades, enquanto outro se valerá de recompensas com o intuito de coordenar mentes individuais de um dado grupo de pessoas até o ponto em que sejam amalgamadas em um MasterMind.

Os realmente grandes líderes do mundo, no entanto, foram agraciados pela natureza com uma mente que age como núcleo de atração para outras mentes. Napoleão foi um exemplo notável de homem que tinha o tipo magnético de mente com uma tendência muito decidida de atrair todas as mentes com as quais entrava em contato. Os soldados seguiam Napoleão para a morte certa sem hesitar, por causa da natureza impulsora ou atrativa da personalidade dele.

Observe, para seu proveito, a frequência com que a palavra "harmonia" aparece ao longo desta lição! Não pode haver o desenvolvimento de um "MasterMind" onde esse elemento de perfeita harmonia não existe. As unidades individuais da mente não se misturarão às unidades individuais de outra mente enquanto as duas mentes não tiverem sido despertadas e aquecidas com um espírito de perfeita harmonia de propósito. No momento em que duas mentes começam a tomar rotas diferentes de interesse, as unidades individuais de cada mente se separam, e o terceiro elemento, conhecido como o "MasterMind", que cresceu a partir da aliança amigável ou harmoniosa, será desintegrado.

Passemos agora para o estudo de alguns homens bem conhecidos que acumularam grande poder (e também grandes fortunas) por meio da aplicação do princípio do MasterMind.

Vamos começar nosso estudo com três homens que se sabe serem homens de grandes realizações em seus respectivos campos de economia, negócios e desempenho profissional.

Seus nomes são Henry Ford, Thomas A. Edison e Harvey S. Firestone.

Dos três, Henry Ford é, sem dúvida, o mais poderoso, com referência ao poder econômico e financeiro. O Sr. Ford é o homem mais poderoso que vive hoje na Terra. O Sr. Ford acumula milhões de dólares com a facilidade com que uma criança enche seu baldinho de areia enquanto brinca na praia. Dizem as pessoas que estão em posição de sabê-lo que o Sr. Ford, se fosse necessário, poderia enviar uma ordem e reunir um bilhão de dólares (mil milhões de dólares) e ter a soma disponível para uso dentro de uma semana. Ninguém que conhece as realizações de Ford duvida disso. Ele poderia conseguir esse dinheiro, se precisasse dele, por meio da aplicação inteligente dos princípios sobre os quais se baseia este curso.

Enquanto o novo automóvel do Sr. Ford estava em processo de aperfeiçoamento, em 1927, foi dito que ele já tinha recebido pedidos de pré-venda, pagos em dinheiro, para mais de 375 mil carros. Em um preço estimado em US$ 600 por carro, seria um total de US$ 225 milhões recebidos antes mesmo que um primeiro carro fosse entregue – tamanho é o poder de confiança na habilidade de Ford.

O Sr. Edison, como todo mundo sabe, é filósofo, cientista e inventor. É também, talvez, o maior estudioso da Bíblia do mundo – estudante da bíblia da natureza, no entanto, e não das miríades das bíblias feitas pelo homem. O Sr. Edison tem um olhar tão perspicaz para a Bíblia da Mãe Natureza que reuniu e combinou, para o bem da humanidade, mais leis da natureza do que qualquer outra pessoa viva hoje – ou que já tenha vivido. Foi ele quem juntou a ponta de uma agulha a um pedaço de cera em movimento giratório de tal maneira que a vibração da voz humana pudesse ser gravada e reproduzida pela moderna máquina falante.

Foi Edison quem primeiro dominou o relâmpago e o fez servir como luz para o uso do homem, por meio do aparato da lâmpada elétrica incandescente.

Foi Edison quem deu ao mundo a moderna máquina de fotos em movimento.

Essas são apenas algumas de suas incríveis realizações. Esses "milagres" modernos que ele executou (não por meio de truques, sob fingimento de algum poder sobre-humano, mas em meio à luz brilhante da ciência) transcendem todos os tais "milagres" descritos nos livros de ficção escritos pelo homem.

O Sr. Firestone é o espírito que move a grandiosa indústria Pneus Firestone em Akron, Ohio. Suas conquistas industriais são tão conhecidas, onde quer que os automóveis sejam usados, que nenhum comentário especial acerca delas se faz necessário.

Todos esses três homens começaram a carreira, negócios e profissão sem capital e com a pouca escolaridade do tipo a que usualmente se refere como "educação básica".

Todos os três, hoje, têm educação elevada. Todos os três estão ricos. Os três são poderosos. Agora vamos investigar a fonte de sua riqueza e seu poder. Até o momento, lidamos apenas com o efeito; o verdadeiro filósofo deseja entender a causa de determinado efeito.

É de conhecimento geral que o Sr. Ford, o Sr. Edison e o Sr. Firestone são amigos próximos e há muitos anos; mais antigamente, eles tinham o hábito de sair pela floresta uma vez por ano para um período de descanso, meditação e recuperação.

Contudo, não é de conhecimento geral – e deve-se duvidar seriamente se eles mesmos têm conhecimento disso – que existe entre esses três homens um laço de harmonia que fez suas mentes se misturarem em um "MasterMind" que é a verdadeira fonte do poder de cada um. Esse MasterMind que cresceu da coordenação das mentes individuais de Ford, Edison e Firestone permitiu que esses homens se "sintonizassem" com forças (e fontes de conhecimento) com as quais a maioria dos homens não tem a menor familiaridade.

MasterMind pode ser criado por qualquer grupo de pessoas que coordenem suas mentes em um espírito de perfeita harmonia. O grupo pode consistir de qualquer número de pessoas, de duas em diante. Os melhores resultados parecem surgir da mistura de seis ou sete mentes.

O processo de misturar mentes descrito aqui como o "MasterMind" pode ser comparado ao ato de alguém que conecta diversas baterias elétricas a um único cabo de transmissão, e assim "incrementa" a energia que flui pelo fio. Cada bateria acrescentada aumenta a energia que passa pelo fio na quantidade de energia que a bateria carrega. O mesmo ocorre no caso da mistura de mentes individuais em um MasterMind.

Pesquise onde quiser, sempre que você encontrar um sucesso extraordinário nos negócios, nas finanças, na indústria ou em qualquer das profissões, pode ter certeza de que por trás desse sucesso está um indivíduo que aplicou o princípio do MasterMind. Esses casos extraordinários de sucesso costumam parecer ser o trabalho de somente uma pessoa, mas olhe mais de perto e você encontrará os outros indivíduos cujas mentes foram coordenadas com a dessa pessoa.

É inquestionável que o item de maior valor que Henry Ford tem é seu cérebro. Em seguida viriam os cérebros de seu círculo imediato de associados, pois foi por coordenação dessas pessoas que os ativos físicos que ele controla foram acumulados.

Ford ter aplicado o princípio do MasterMind foi, pelo menos no começo, o resultado de uma aliança fortuita com outras mentes, em especial com a mente de Edison. É mais do que provável que a incomparável compreensão do Sr. Ford acerca das leis da natureza tenha se originado como resultado de sua aliança amigável com sua esposa, muito antes de ele ter conhecido o Sr. Edison ou o Sr. Firestone. Muitos homens jamais vêm a saber que a verdadeira fonte de seu sucesso é sua esposa, por meio da aplicação do princípio do MasterMind. A Sra. Ford é uma mulher incrivelmente inteligente, e este autor tem motivo para crer que foi a mente dela, unida à do Sr. Ford, que concedeu a este seu primeiro verdadeiro passo em direção ao poder.

Sabe-se muito bem que uma das tarefas mais difíceis que qualquer homem de negócios tem de executar é induzir aqueles que a ele estão associados a coordenar esforços em um espírito de harmonia. Induzir cooperação contínua em um grupo de trabalhadores, em qualquer empreendimento, é quase impossível. Somente os líderes mais eficientes conseguem realizar esse tão desejado feito, mas de vez em quando um líder como esse se eleva acima do horizonte, em uma das áreas da indústria, negócios ou finanças, e então o mundo ouve falar de um Henry Ford, Thomas A. Edison, John D. Rockefeller Sr., E. H. Harriman ou James J. Hill.

Poder e sucesso são termos praticamente sinônimos!

Um cresce a partir do outro; portanto, qualquer pessoa que tem o conhecimento e a habilidade de desenvolver poder, por meio do princípio de coordenação harmoniosa de esforços entre mentes individuais, ou de qualquer outra maneira, pode ser bem-sucedida em qualquer empreendimento concebível que seja possível de ser concluído com sucesso.

Não se deve supor que um MasterMind brotará imediatamente, feito um cogumelo, de todo grupo de mentes que fingem estar coordenadas em um espírito de harmonia!

A harmonia é o núcleo em torno do qual o estado mental conhecido como MasterMind deve ser desenvolvido. Sem esse elemento da harmonia, não pode haver MasterMind, verdade essa que não pode ser repetida com muita frequência.

Henry Ford teve pouca educação básica, e no entanto é um dos homens mais "instruídos" do mundo, porque adquiriu a habilidade de combinar leis naturais e econômicas, sem falar nas mentes dos homens, de modo que tem o poder de obter qualquer coisa da natureza material que desejar.

Alguns anos atrás, durante a Primeira Guerra Mundial, o Sr. Ford moveu uma ação contra o *Chicago Tribune,* acusando o jornal de publicar afirmações difamatórias a seu respeito, sendo uma delas a afirmação de que Ford era um "*ignoramus*", um homem ignorante.

Quando o processo entrou em julgamento, os advogados do jornal puseram-se a provar, usando o próprio Ford, que a afirmação estava correta – que ele era mesmo ignorante – e, com esse objetivo em mente, interrogaram o homem em todo tipo de assunto.

Uma das perguntas que fizeram foi: "Quantos soldados os britânicos enviaram para subjugar a rebelião das colônias em 1776?".

Com um sorriso no rosto, Ford respondeu casualmente: "Não sei exatamente quantos, mas ouvi dizer que foram muito mais do que os que voltaram".

Todos no tribunal, o júri e os espectadores – até o frustrado advogado que havia feito a pergunta – caíram no riso.

Essa linha de interrogatório foi prolongada por uma hora ou mais, e Ford permaneceu perfeitamente calmo o tempo todo. Finalmente, contudo, tendo permitido que os advogados sabichões brincassem com ele até a exaustão, em resposta a uma pergunta especialmente desagradável e insultante, Ford endireitou-se, apontou o dedo para o advogado que perguntara e respondeu:

> Se eu realmente quisesse responder a essa pergunta tola que você acabou de fazer, ou a qualquer uma das outras que você fez, deixe-me lembrá-lo de que eu tenho uma fileira de botões elétricos na minha mesa e que, pressionando com o dedo o botão certo, eu poderia chamar homens que poderiam me passar a resposta correta para todas as perguntas que você fez e para muitas que você não tem inteligência nem para perguntar, quanto menos para responder. Agora, você poderia gentilmente me dizer por que eu deveria me dar o trabalho de encher a minha mente com esse monte de detalhes inúteis no intuito de responder a cada pergunta boba que alguém possa me fazer, quando tenho homens habilidosos ao meu redor que podem me fornecer todos os fatos que quero saber quando os chamo?

A fala foi citada de memória, mas substancialmente reflete a resposta de Ford.

O tribunal ficou em silêncio. O advogado que o questionava ficou de queixo caído, os olhos escancarados; o juiz inclinou-se sobre a mesa, olhando na direção do Sr. Ford; muitos dos membros do júri acordaram e olharam ao redor, como se tivessem ouvido uma explosão.

Até o momento dessa resposta, o advogado divertira-se consideravelmente à custa de Ford – pensava ele –, habilmente ostentando sua caixinha de conhecimentos gerais, comparando-a com o que ele inferia ser a ignorância de Ford com relação a tantos eventos e assuntos. Mas a resposta acabou com a festa do advogado!

ATENÇÃO Estude esta tabela com atenção e compare as notas desses dez homens antes de atribuir notas a si mesmo, nas duas colunas à direita.	Henry Ford	Benjamin Franklin	George Washington	Theodore Roosevelt	Abraham Lincoln	Woodrow Wilson	William H. Taft	Napoleon Bonaparte	Calvin Coolidge	Jesse James	Atribua notas a si mesmo, nestas duas colunas, antes e depois de completar o curso As leis originais do triunfo de Napoleon Hill.	
											ANTES	DEPOIS
As leis do sucesso I. Objetivo principal definido	100	100	100	100	100	100	100	100	100	0		
II. Autoconfiança	100	80	90	100	75	80	50	100	60	75		
III. Hábito de economizar	100	100	75	50	20	40	30	40	100	0		
IV. Iniciativa e liderança	100	60	100	100	60	90	20	100	25	90		
V. Imaginação	90	90	80	80	70	80	65	90	50	60		
VI. Entusiasmo	75	80	90	100	60	90	50	80	50	80		
VII. Autocontrole	100	90	50	75	95	75	90	40	100	50		
VIII. Hábito de fazer mais do que lhe pagam para fazer	100	100	100	100	100	100	100	100	100	0		
IX. Personalidade agradável	50	90	80	80	80	75	90	100	40	50		
X. Pensar com exatidão	90	80	75	60	90	80	80	90	70	20		
XI. Concentração	100	100	100	100	100	100	100	100	100	75		
XII. Cooperação	75	100	100	50	90	40	100	50	60	50		
XIII. Lucrar com o fracasso	100	90	75	60	80	60	60	40	40	0		
XIV. Tolerância	90	100	80	75	100	70	100	10	75	0		
XV. Praticar a Regra de Ouro	100	100	100	100	100	100	100	0	100	0		
MÉDIA GERAL	91	90	86	82	81	79	75	70	71	37		

Os dez homens que foram analisados na tabela acima são muito conhecidos em todo o mundo. Oito deles são bem-sucedidos, enquanto dois são geralmente considerados fracassados. Os fracassados são Jesse James e Napoleão Bonaparte. Eles foram analisados para comparação. Observe com atenção onde esses dois homens levaram nota zero e você verá por que eles fracassaram. Uma nota zero em qualquer uma das dezesseis leis do sucesso é suficiente para causar fracasso, mesmo que as demais notas sejam altas.

Repare que todos os homens bem-sucedidos obtêm 100% no objetivo principal definido. Isso é um pré-requisito para o sucesso, em todos os casos, sem exceção. Se você desejar conduzir um experimento interessante, substitua os dez nomes acima pelos nomes de pessoas que você conhece, cinco que sejam bem-sucedidas e cinco que sejam fracassadas, e atribua notas a cada uma. Quando tiver concluído, atribua notas a si mesmo, tomando o cuidado de realmente atentar para quais são as suas fraquezas.

> A importância do MasterMind não pode ser enfatizada demais na condução do seu propósito principal definido na vida. Uma das maiores alianças de MasterMind de todos os tempos foi formada com a ajuda de Andrew Carnegie. Ele reuniu a ajuda de alguns dos indivíduos mais inteligentes da época no intuito de criar a United States Steel Company, e, ao fazer isso, tornou-se um dos homens mais ricos do mundo.

– Don M. Green

Diretor-executivo, executivo-chefe e curador.

LIÇÃO DOIS

OBJETIVO PRINCIPAL DEFINIDO

"Você consegue fazer se acreditar que consegue!"

Objetivo principal definido

O tema central de todo este capítulo gira em torno da palavra "definido".

É espantoso saber que 95% da população mundial rumam sem destino ao longo da vida, sem a menor noção do trabalho no qual se ajustariam melhor, e sem a menor noção da necessidade de ter algo como um objetivo definido pelo qual batalhar.

Existe um motivo psicológico, bem como um econômico, para selecionar um objetivo principal definido na vida. Devotemos nossa atenção para o lado psicológico da questão, primeiro. É um princípio da psicologia bem estabelecido que as atitudes de uma pessoa estão sempre em harmonia com os pensamentos dominantes de sua mente.

Qualquer objetivo principal definido que é deliberadamente fixado na mente e mantido ali, com a determinação para realizá-lo, por fim satura toda a mente subconsciente até que ela automaticamente influencia a ação física do corpo em direção à realização desse propósito.

Seu objetivo principal definido na vida deveria ser selecionado com atenção deliberada e, depois que foi selecionado, deveria ser escrito e colocado em um lugar em que você o visse pelo menos uma vez por dia. O efeito psicológico é imprimir esse propósito na sua mente subconsciente tão vivamente que ela aceite tal propósito como um padrão ou esquema que acabará dominando as atividades da sua vida e que o levará, passo a passo, em direção à obtenção do objeto que é o alvo desse propósito.

Na esquina da rua, bem oposta à sala na qual estou escrevendo, vejo um homem que fica ali parado o dia inteiro, vendendo amendoim. Está o tempo todo ocupado. Quando não está de fato engajado em uma venda, está tostando e empacotando amendoim em saquinhos. Ele faz parte desse enorme exército que consiste nesses 95% que não têm propósito definido na vida. Ele vende amendoim, não porque gosta desse trabalho mais do que qualquer outra coisa que poderia fazer, mas porque nunca se sentou para pensar em um propósito definido que lhe traria melhores retornos pelo seu trabalho. Ele vende amendoim, porque é uma pessoa sem rumo no mar da vida, e uma das tragédias do seu trabalho é que a mesma quantia de esforço que ele coloca nele, se direcionada ao longo de outras linhas, poderia lhe trazer retorno muito maior.

Todos os grandes líderes baseiam sua liderança em um objetivo principal definido. Os seguidores são dispostos quando sabem que seu líder é uma pessoa que tem um objetivo principal definido e a coragem de apoiar esse propósito com ação. Até mesmo um cavalo teimoso sabe quando um cocheiro que tem um objetivo principal definido toma as rédeas, e o cavalo cede a esse cocheiro. Quando um homem que tem um objetivo principal definido passa em meio às pessoas, todo mundo dá um passo para o lado e abre caminho para ele; mas basta a um homem que hesite e mostre, com suas atitudes, que não sabe ao certo aonde quer ir, e a multidão vai pisar nos pés dele e se recusar a desviar um centímetro que seja do caminho dele.

Isso basta acerca do ponto de vista psicológico de ter um propósito definido. Voltemo-nos agora para o lado econômico da questão.

Se um navio a vapor perdesse seu leme no meio do oceano e começasse a dar voltas, logo ele extinguiria seu suprimento de combustível sem ter alcançado a costa, apesar do fato de que teria usado energia suficiente para ser conduzido até a costa e voltar diversas vezes.

O homem que trabalha sem um propósito definido, que por sua vez é apoiado por um plano definido para a sua realização, lembra o navio que perdeu o leme. Trabalho duro e boas intenções não bastam para levar um homem ao sucesso, pois como pode um homem ter certeza de que alcançou o sucesso a não ser que tenha estabelecido em sua mente um objetivo definido que deseja alcançar?

Toda casa bem construída começou na forma de um propósito definido somado a um plano definido, materializados em um conjunto de plantas. Imagine o que aconteceria se alguém tentasse construir uma casa pelo método fortuito, sem planos. Os operários atrapalhariam uns aos outros, o material de construção seria empilhado por todo o lote antes de ter sido completada a fundação, e todos os envolvidos no serviço teriam uma noção diferente de como a casa deveria ser construída. O resultado: caos, confusão e custos que seriam inaceitáveis.

No entanto, você já parou para pensar que a maioria das pessoas termina a escola e arranja um emprego ou entra em um negócio ou profissão sem a menor concepção de algo que ao menos remotamente lembre um propósito definido ou um projeto definido? Tendo em vista o fato de que a ciência já forneceu métodos e maneiras precisos e razoáveis para analisar o caráter e determinar a carreira para a qual a pessoa é mais adequada, não é uma verdadeira tragédia moderna que 95% da população adulta do mundo consistem em homens e mulheres que são fracassados porque não encontraram nichos adequados no mundo do trabalho?

Andrew Carnegie dava o seguinte conselho: "Coloque todos os seus ovos em um cesto e depois fique de olho no cesto, para que ninguém tropece nele". Com esse conselho, ele queria dizer, obviamente, que não devemos dissipar nem um pouco das nossas energias nos engajando em atividades secundárias. Carnegie era um grande economista e sabia que a maioria dos homens se sairia bem se reunisse e direcionasse suas energias para que uma coisa, somente, fosse bem-feita.

Em sua luta pelo sucesso, você deveria ter sempre em mente a necessidade de saber o que é que você deseja – saber precisamente qual é o seu propósito definido – e o valor do princípio do esforço organizado na realização daquilo que constitui o seu propósito definido.

A observação cuidadosa da filosofia de negócios de mais de cem homens e mulheres que alcançaram sucesso admirável em suas respectivas vocações revelou que todos eram pessoas de decisão rápida e definida.

O hábito de trabalhar com um objetivo principal definido vai gerar em você o hábito da decisão rápida, e esse hábito o ajudará em tudo que você fizer.

Ademais, o hábito de trabalhar com um objetivo principal definido o ajudará a concentrar toda a atenção em qualquer tarefa até que você a tenha dominado.

A concentração do esforço e o hábito de trabalhar com um objetivo principal definido são dois dos fatores essenciais no sucesso que são sempre encontrados juntos. Um leva ao outro.

Os mais famosos homens de negócios bem-sucedidos eram todos homens de decisão rápida que trabalhavam sempre com um propósito essencial e marcante como seu objetivo principal.

Em seguida mencionamos alguns exemplos notáveis.

Woolworth escolheu como objetivo principal definido espalhar pela América filiais das lojas Five and Ten Cent, e concentrou a mente nessa única tarefa até "fazer isso e ter a vida feita por isso".

Wrigley concentrou a mente na produção e venda de um pacote de goma de mascar de cinco centavos e transformou essa única ideia em milhões de dólares.

Edison concentrou-se no trabalho de harmonizar as leis da natureza e, com seus esforços, descobriu mais invenções úteis do que qualquer outro homem que já viveu.

Statler concentrou-se em "serviço de hotel caseiro" e tornou-se rico, além de útil para milhões de pessoas que usam seu serviço.

Edwin C. Barnes concentrou-se na venda dos ditafones Edison e aposentou-se, ainda um jovem rapaz, com mais dinheiro do que precisava.

Woodrow Wilson concentrou a mente na Casa Branca por 25 anos e tornou-se seu morador mais ilustre graças ao conhecimento que tem do valor de ater-se a um objetivo principal definido.

Rockefeller concentrou-se no petróleo e tornou-se o homem mais rico de sua geração.

Ford concentrou-se nas aeronaves Flivver e tornou-se o mais rico e poderoso homem que já viveu.

Carnegie concentrou-se no aço e, com seus esforços, construiu uma grande fortuna e colocou seu nome nas bibliotecas públicas espalhadas por toda a América.

Gillette concentrou-se em uma lâmina segura, deu ao mundo inteiro um "barbear rente" e tornou-se multimilionário.

George Eastman concentrou-se na câmera Kodak e fez essa ideia render-lhe uma fortuna, ao mesmo tempo levando alegria a milhões de pessoas.

Hearst concentrou-se em jornais sensacionalistas e fez a ideia valer milhões de dólares.

Helen Keller concentrou-se em aprender a falar e, apesar do fato de ser surda e cega, alcançou seu objetivo principal definido.

Marshall Field concentrou-se na maior loja de varejo do mundo, e em um piscar de olhos ela ergueu-se na frente dele, uma realidade.

Philip Armour concentrou-se no negócio da carne e estabeleceu uma grande indústria, assim como grande fortuna.

Milhões de pessoas estão se concentrando diariamente em pobreza e fracasso, recebendo ambos em abundância.

Os Irmãos Wright concentraram-se no avião e dominaram o ar.

Pullman concentrou-se no vagão dormitório, e a ideia lhe garantiu riqueza, bem como conforto a milhões de pessoas ao viajar.

O movimento da temperança concentrou-se na emenda da proibição e (seja para o bem, seja para o mal) fez dela uma realidade.

Assim, constata-se que todos que são bem-sucedidos trabalham com um objetivo definido e extraordinário como objeto de seus esforços.

Existe uma coisa que você sabe fazer melhor que qualquer outra pessoa do mundo. Procure até encontrar que linha específica de atividade é essa, faça dela seu objetivo principal definido e depois organize todas as suas forças e ataque com a crença de que você vai vencer. Na busca pelo campo de trabalho no qual você se adéqua melhor, será melhor ter em mente o fato de que você muito provavelmente obterá maior sucesso se descobrir qual atividade é aquela de que você mais gosta, pois é fato bastante conhecido que o homem, em geral, é mais bem-sucedido na linha específica de atividade na qual ele pode mergulhar de corpo e alma.

O desejo é o fator que determina qual será seu propósito definido de vida. Ninguém pode selecionar seu desejo preponderante no seu lugar, mas, uma vez que você o selecionou por conta própria, isso se torna o seu objetivo principal definido e ocupa o centro do palco na sua mente até ser satisfeito ao ser transformado em realidade, a não ser que você permita que ele seja posto de lado por desejos conflitantes.

Para enfatizar o princípio que estou, aqui, tentando esclarecer, creio não ser inoportuno sugerir que, para garantir a realização do sucesso, o objetivo principal definido de vida deveria ser sustentado por um desejo ardente de vê-lo realizado. Já reparei que rapazes e moças que entram na faculdade e vão trabalhando para pagar pelos estudos parecem aproveitar mais o aprendizado do que aqueles cujos gastos são custeados por outras pessoas. O segredo disso talvez resida no fato de que quem está disposto a trabalhar para pagar pelos estudos é abençoado com um desejo ardente de aprender, e esse desejo, caso o objeto do desejo seja algo possível, é praticamente garantia de realização.

Estes são os passos que levam do desejo à realização: primeiro, o desejo ardente; depois, a cristalização desse desejo em um objetivo definido; depois, ação adequada suficiente para alcançar o objetivo. Lembre-se de que esses três passos são sempre necessários para garantir o sucesso.

O objetivo definido é algo que você deve criar por si mesmo. Ninguém vai criá-lo por você, e ele não vai se criar sozinho. O que você vai fazer a respeito? E quando? E como?

Quando for selecionar seu objetivo principal definido, apenas tenha em mente o fato de que você não pode mirar alto demais.

Se seu objetivo de vida é vago, suas realizações também serão vagas e, é preciso acrescentar, muito mirradas. Saiba o que você quer, quando você quer, por que você quer e como você pretende conseguir.

> Uma meta principal definida pode ser resumida numa palavra: "definida". Não significa um objetivo indefinido que será alcançado em algum momento. Em vez disso, é um objetivo concreto que deve ser alcançado para você alcançar o sucesso.

– Don M. Green
Diretor-executivo, executivo-chefe e curador.

LIÇÃO TRÊS

AUTOCONFIANÇA

"Você consegue fazer se acreditar que consegue!"

O desenvolvimento da autoconfiança começa com a eliminação do demônio chamado medo, que se senta sobre os ombros de um homem e sussurra no ouvido dele: "Você não consegue... você tem medo de tentar... você tem medo da opinião dos outros... você tem medo de que vai fracassar... você tem medo de não ter capacidade".

Os seis medos básicos da humanidade: toda pessoa cai sob a influência de seis medos básicos. Além desses seis medos básicos, podemos listar os medos menores. Os seis medos básicos, ou maiores, foram aqui enumerados, e as fontes de onde se acredita que eles se originam foram descritas.

Os seis medos básicos:

a. medo da pobreza;
b. medo da velhice;

c. medo da crítica;
d. medo de perder o amor de alguém;
e. medo da falta de saúde;
f. medo da morte.

Estude a lista, depois faça um inventário dos seus medos e determine sob quais desses seis itens você pode classificá-los, enquanto estudamos a origem e a natureza dos seis maiores inimigos do homem, os seis medos básicos.

Medo da pobreza. É preciso coragem para falar a verdade acerca da origem desse medo, e ainda mais coragem, talvez, para aceitar a verdade depois que for dita. O medo da pobreza originou-se na tendência herdada do ser humano de avançar contra o próximo, outro ser humano, economicamente. Quase todas as formas de animais inferiores têm instinto, mas parecem não ter o poder de raciocinar e pensar; portanto, eles atacam uns aos outros fisicamente. O homem, com seu senso superior de intuição, pensamento e razão, não devora o corpo do seu próximo; ele obtém mais satisfação devorando as finanças dele.

De todas as eras do mundo de que sabemos alguma coisa, a era em que vivemos parece ser a da idolatria ao dinheiro. Uma pessoa é considerada menos importante que o pó da terra, a não ser que ostente uma conta bancária polpuda. Nada traz tanto sofrimento e humilhação ao homem quanto a pobreza. Não é de surpreender o homem ter medo da pobreza.

Muitos casamentos têm início (e em geral fim) apenas com base na riqueza que um ou ambos os contratantes possuem. Não é de se admirar que os tribunais de divórcio andem atarefados!

A sociedade poderia facilmente ser escrita "$ociedade", porque é inseparavelmente associada à marca do dinheiro. O homem é tão ávido por riqueza que a obterá de qualquer maneira que puder – por métodos legais, se possível; por outros métodos, se necessário.

O medo da pobreza é uma coisa terrível!

Todo código de leis no mundo mostra evidências de que o medo da pobreza é um dos medos básicos da humanidade, pois em cada um desses conjuntos de leis podem ser encontradas diversas e variadas leis pensadas para proteger os fracos dos fortes.

Eis o segundo dos seis medos básicos que prendem o homem.

Medo da velhice. Basicamente, esse medo se origina de duas fontes. Primeiro, a ideia de que a velhice pode trazer consigo a pobreza. Segundo, e de longe a fonte mais comum de origem desse medo, os ensinamentos sectários falsos e cruéis que foram tão bem misturados a "fogo e enxofre" e "purgatórios" que os seres humanos aprenderam a temer a velhice porque ela significa a aproximação de outro – e talvez muito mais horrendo que este – mundo.

É de se admirar que o homem tenha medo da chegada da velhice?

Agora chegamos ao terceiro dos seis medos básicos.

Medo da crítica. Como o homem adquiriu esse medo seria difícil, senão impossível, determinar definitivamente, mas uma coisa é certa: ele o tem em forma bem desenvolvida.

Alguns acreditam que esse medo fez sua aparição na mente do homem na época em que veio a existir a política. Já outra escola de humoristas associa essa origem aos conteúdos da Santa Bíblia, cujas páginas estão cheias de formas muito vitriólicas e violentas de crítica. Se esta última afirmação estiver correta, e se aqueles que creem literalmente em tudo que encontram na Bíblia não estiverem enganados, Deus é responsável pelo medo da crítica, que é inerente ao homem, porque Deus fez com que a Bíblia fosse escrita.

Este autor, não sendo humorista nem "profeta", mas apenas o tipo comum de pessoa que trabalha diariamente, está mais inclinado a atribuir o medo básico da crítica àquela parte da natureza herdada do homem que o impele não somente a tomar os bens de outro homem, mas também a justificar sua atitude por meio da crítica direcionada ao caráter desse outro homem.

O medo da crítica assume muitas e diversas formas, a maioria insignificante e trivial em natureza, chegando ao ponto de ser infantil ao extremo.

Os produtores de todo tipo de roupa não demoraram a explorar ao máximo em cima desse medo básico da crítica com o qual toda a humanidade foi amaldiçoada. A cada estação, pode-se observar, o "estilo" dos muitos artigos de vestuário muda. Os fabricantes de automóveis (com algumas raras e sensíveis exceções) também mudam de estilo a cada estação. Os fabricantes sabem como as pessoas temem usar uma roupa ou dirigir um carro que estão uma estação atrasados em relação ao que "todos estão usando ou dirigindo agora".

Não é verdade? Sua experiência não confirma isso?

Em seguida, vem o quarto medo básico.

Medo da perda do amor de alguém. A fonte da qual esse medo se originou requer pouca descrição, pois é óbvio que ele surgiu da natureza do homem de roubar a parceira de outro homem.

Quase não há dúvida de que o ciúme e todas as outras formas similares de *dementia praecox* (insanidade) mais ou menos severas derivam do medo herdado do homem da perda do amor de alguém.

De todos os "tolos sãos" estudados por este autor, aquele representado por um homem que passou a ter ciúme de alguma mulher, ou de uma mulher que passou a ter ciúme de algum homem, é o mais esquisito e estranho. O autor, felizmente, teve somente um caso de experiência pessoal com essa forma de insanidade, mas dessa experiência ele aprendeu o bastante para justificar sua afirmação de que o medo da perda do amor de alguém é um dos mais dolorosos, senão, de fato, o mais doloroso, de todos os seis medos básicos. E me parece razoável acrescentar que esse medo gera mais caos dentro da mente humana do que qualquer outro dos seis medos básicos da humanidade.

Depois vem o quinto medo básico.

Medo da falta de saúde. Esse medo tem origem, em parte considerável, nas mesmas fontes das quais derivam o medo da pobreza e o da velhice.

O medo da falta de saúde deve ser associado muito de perto à pobreza e à velhice porque ele também direciona para as fronteiras dos "mundos terríveis" que o homem não conhece, mas dos quais ouviu histórias muito perturbadoras.

O autor tem grande suspeita de que quem se aplica nos negócios de vender métodos de boa saúde tem parte considerável em manter o medo da perda de saúde vivo na mente humana.

Este é o sexto e último dos seis medos básicos.

Por centenas de milhões de anos, o homem vem perguntando as perguntas ainda não respondidas (e, talvez, irrespondíveis) "de onde?" e "para onde?" – "De onde viemos e para onde vamos após a morte?".

Os mais ardilosos e astutos, bem como os honestos, embora crédulos, não se demoraram a oferecer a resposta para essas perguntas. Na verdade, a resposta para essas perguntas tornou-se uma das famigeradas profissões "aprendidas", apesar do fato de que pouco aprendizado é necessário para entrar nessa profissão.

Presencie agora a maior fonte da origem do medo da morte!

"Venha até a minha barraca, abrace a minha fé, aceite meus dogmas (e pague o meu salário), e eu lhe darei um bilhete que o fará entrar direto no céu quando você morrer", diz o líder de uma linha de sectarismo. "Fique fora da minha barraca", diz esse mesmo líder, "e você vai direto para o inferno, onde vai arder por toda a eternidade."

Embora, na verdade, o autointitulado líder talvez não seja capaz de oferecer salvo-conduto para o céu nem, por falta de tal provisão, de permitir que o infeliz que busca a verdade desça para o inferno, a chance de que ocorra este último parece tão terrível que toma controle da mente e cria esse medo dos medos, o medo da morte!

Existe uma miríade de formas de medo, mas nenhuma é mais mortal que o medo da pobreza e o da velhice. Conduzimos nossos corpos como se fossem escravos, porque temos tanto medo da pobreza que queremos juntar dinheiro para – o quê? Para a velhice! Essa forma comum de medo nos pressiona tanto que abusamos do nosso corpo e causamos algumas das mesmas coisas que batalhamos para evitar.

Longe de ser uma desvantagem, a luta é, sem dúvida, uma vantagem, pois desenvolve aquelas qualidades que permaneceriam para sempre dormentes não fosse por ela. Muitos homens encontraram seu lugar no mundo por terem sido forçados a lutar por sua existência bem cedo na vida. Não conhecer as vantagens que advêm da luta induziu muitos pais a dizer: "Eu trabalhei duro quando era mais novo, mas farei de tudo para que os meus filhos tenham mais facilidades". Pobres e tolas criaturas. Essa "facilidade" quase sempre acaba se tornando uma deficiência muito maior que aquela que a maioria dos jovens e das jovens seria capaz de vencer. Há coisas piores neste mundo do que ser forçado a trabalhar cedo na vida. A ociosidade forçada é muito pior do que o labor forçado. Ser forçado a trabalhar e forçado a dar o seu melhor vai fazer você evoluir em temperança e autocontrole, em força de vontade e conteúdo e em centenas de outras virtudes que os ociosos jamais conhecerão.

Não somente a falta da necessidade de lutar pelas coisas levará à fraqueza de ambição e força de vontade, mas também – o que é ainda mais perigoso – ela coloca a mente da pessoa em um estado de letargia que leva à perda da autoconfiança.

Nada pode lhe trazer sucesso, a não ser você mesmo. Claro que você precisará da cooperação de outra pessoa se pretende obter sucesso de natureza mais longínqua, mas você nunca conseguirá essa cooperação a não ser que vitalize sua mente com a atitude positiva da autoconfiança.

Você tem pouca concepção das possibilidades que estão dormentes dentro de você, esperando que o instigante toque da visão o desperte, e você nunca terá concepção melhor dessas possibilidades se não desenvolver autoconfiança suficiente para erguê-lo acima do lugar comum das influências do seu ambiente atual.

Vem à mente um famoso poema cujo autor expressou uma grande verdade psicológica:

> Se você acha que foi derrotado, foi mesmo;
> se você acha que não deve ousar, não deve;
> se você gosta de vencer, mas acha que não consegue,
> é quase certo que não conseguirá.
> Se acha que vai perder, já perdeu,
> pois, fora do mundo, descobrimos
> que o sucesso começa na vontade de um homem –
> está tudo em seu estado de espírito.
> Se você se acha inferior, é mesmo –
> é preciso pensar alto para se elevar.
> Você precisa estar seguro de si mesmo
> para poder algum dia um prêmio ganhar.
> As batalhas da vida nem sempre
> são vencidas pelo mais forte ou mais veloz;
> mas cedo ou tarde o homem que vence
> será o homem que acha que é capaz.

"Pensando", Walter D. Wintle, 1905

Em algum lugar da sua composição, existe um "algo sutil" que, se fosse instigado pela influência exterior adequada, o levaria até as alturas da realização como você nunca nem imaginou. Assim como um mestre violinista pode tomar um violino e fazer esse instrumento emanar as mais lindas e extasiantes ondas de música, existe também uma influência exterior que pode tomar o controle da sua mente e fazê-lo avançar na sua área escolhida de atuação e tocar uma gloriosa sinfonia de sucesso. Nenhum homem conhece as forças escondidas que jazem dormentes dentro de você. Nem você mesmo sabe a sua capacidade de realização, e nunca saberá enquanto não entrar em contato com esse estímulo específico que o incita a maior atitude e estende a sua visão, desenvolve autoconfiança e o impulsiona, com um desejo mais profundo de realizar.

Ah, que glória e satisfação seriam a feliz herança do homem ou da mulher que pudessem abrir as cortinas do medo que pende sobre a raça humana e impede a entrada da luz da compreensão que a autoconfiança traz, onde quer que esteja em evidência.

Onde o medo impera, as realizações dignas de nota tornam-se uma impossibilidade – fato esse que traz à mente a definição do medo conforme pontuada por um grande filósofo: "O medo é o calabouço da mente, para o qual ela foge e no qual se esconde e busca reclusão. O medo traz a superstição, e a superstição é a adaga com a qual a hipocrisia assassina a alma".

Defronte à máquina de escrever na qual estou escrevendo os originais deste livro, há uma placa com os seguintes dizeres, em letras grandes: "Dia após dia, em todos os sentidos, estou me tornando alguém mais bem-sucedido".

Um cético que leu essa placa, um dia, perguntou-me se eu realmente acreditava "nessas coisas", e respondi: "Claro que não. Tudo que isso fez por mim foi me ajudar a deixar as minas de carvão, onde comecei como operário, e encontrar um lugar no mundo no qual estou servindo a cerca de cem mil pessoas, em cujas mentes estou plantando o mesmo pensamento positivo que essa placa oferece; portanto, por que eu deveria acreditar?".

Ao se levantar para partir, o homem disse: "Bem, talvez tenha algo de verdade nesse tipo de filosofia, afinal, pois sempre tive medo de ser um fracassado, e, até agora, meus medos foram totalmente realizados".

Você está condenando a si mesmo à pobreza, à miséria e ao fracasso, ou está se direcionando para as alturas das grandes realizações, unicamente segundo os pensamentos que você pensa. Se você exige sucesso de si mesmo e apoia essa exigência com atitude inteligente, certamente você vencerá. Tenha em mente, no entanto, que existe uma diferença entre exigir sucesso e somente desejá-lo. Você precisa descobrir qual é essa diferença e tirar vantagem dela.

Mais de 25 anos atrás, aprendi minha primeira lição acerca da construção da autoconfiança. Certa noite, estava sentado diante de uma lareira, ouvindo uma conversa que travavam dois homens mais velhos, falando de capital e trabalho. Sem ser convidado, entrei na conversa e disse algo sobre empregadores e empregados resolverem suas divergências usando a Regra de Ouro. Meus comentários chamaram a atenção de um dos homens, que se virou para mim, com cara de surpresa, e disse: "Ora, você é um rapaz esperto. Se fosse estudar, você deixaria a sua marca no mundo".

Esses comentários caíram em ouvidos "férteis", mesmo tendo sido a primeira vez que alguém me disse que eu era esperto ou que conseguiria alguma coisa que valesse a pena na vida. O comentário me fez pensar, e, quanto mais eu permitia que a minha mente se concentrasse nesse pensamento, mais certeza me dava de que o comentário tinha em si algo de uma possibilidade.

Pode-se verdadeiramente afirmar que qualquer serviço que estou prestando ao mundo e qualquer coisa boa que eu realize deveriam ser creditados a esse comentário casual.

É preciso ter o cuidado, no entanto, de aprender a diferenciar a autoconfiança, que se baseia em um conhecimento sólido daquilo que você sabe e do que é capaz de fazer, e o egoísmo, que se baseia somente no que você gostaria de saber ou ser capaz de fazer. Aprenda a diferença entre esses dois termos, ou você se tornará uma pessoa cansativa, ridícula e incômoda para pessoas de cultura e conhecimento. A autoconfiança é algo que jamais deveria ser proclamado ou anunciado, exceto por meio de desempenho inteligente ou atos construtivos.

Se você tiver autoconfiança, quem estiver ao seu redor descobrirá esse fato. Deixe que eles façam essa descoberta. Ficar elogiando a si mesmo nunca será uma medida adequada de autoconfiança. Tenha isso em mente e deixe que sua autoconfiança fale somente através da língua do serviço construtivo entregue sem agito ou rebuliço.

A autoconfiança é produto do conhecimento. Conheça a si mesmo, saiba quanto você sabe (e quão pouco), por que sabe, e como vai usar o que sabe. Não finja saber mais do que de fato sabe. Não há sentido algum no fingimento, porque qualquer pessoa instruída vai avaliá-lo com bastante precisão após ouvi-lo falar por três minutos. O que você é de verdade falará tão alto que o que você "alega" ser não será ouvido.

Agora, você está pronto para a Lição Quatro, que o levará para o passo seguinte na escada para o sucesso.

> Henry Ford, fundador da Ford Motor Company, costumava dizer que, se você acha que está certo, você está. Se você acha que está errado, você está. O mesmo é verdade para todas as nossas realizações. Se você acredita que pode fazer algo, você fará. E se você acredita que não consegue alcançar certo objetivo, você não alcançará. Para desenvolver confiança, você deve eliminar os medos básicos que todos nós enfrentamos.
>
> – **Don M. Green**
>
> Diretor-executivo, executivo-chefe e curador.

LIÇÃO QUATRO

O HÁBITO DE ECONOMIZAR

"Você consegue fazer se acreditar que consegue!"

O homem é uma combinação de carne, ossos, sangue, cabelo e células nervosas. Esses são os materiais de construção dos quais ele molda, por meio da lei do hábito, a sua personalidade.

Aconselhar alguém a economizar dinheiro sem descrever como economizar seria algo como desenhar um cavalo e escrever logo abaixo: "Isto é um cavalo". É óbvio, para todos, que economizar dinheiro é um dos fatores essenciais do sucesso, mas a grande questão, a que mais aparece na mente da maioria daqueles que não economizam, é: "Como faço para economizar?".

Basta executar o hábito de economizar.

Formar o hábito de economizar não significa que você precisará limitar sua capacidade de rendimento; significa exatamente o oposto – que você deverá aplicar essa regra de modo que ela não somente possa conservar o que você ganha, de maneira sistemática, mas também colocá-lo no caminho em direção a maiores oportunidades e lhe dar a visão, a autoconfiança, a imaginação, o entusiasmo, a iniciativa e a liderança necessários para aumentar a sua capacidade de ganhar dinheiro.

Delineando essa grande lei de outra maneira, quando você entender mais completamente a lei do hábito, poderá garantir que terá sucesso no grande jogo de fazer dinheiro "jogando nas duas pontas desse jogo, contra o centro".

Você procederá desta maneira:

Primeiro, por meio da lei do objetivo principal definido, você constrói, mentalmente, uma descrição precisa, definida daquilo que deseja, incluindo a quantia de dinheiro que pretende ganhar. Com a lei do hábito, você mantém seu objetivo principal definido fixo na mente até que ele esteja permanentemente implantado ali. Essa prática destruirá a consciência de pobreza e colocará, no lugar dela, a consciência de prosperidade.

Em segundo lugar, você fará uso adicional da lei do hábito por provisão, na definição por escrito do seu objetivo principal definido, para economizar uma proporção definida de todo o dinheiro que você ganhar.

Portanto, conforme seus rendimentos aumentarem, suas economias crescerão, igualmente, em proporção. Sempre urgindo a si mesmo e exigindo de si mesmo capacidade cada vez maior de rendimento, por um lado, e pondo de lado sistematicamente uma quantia definida de tudo que você ganha, por outro, logo você chegará ao ponto em que terá removido todas as limitações imaginárias da mente e estará bem adiantado na estrada para a independência financeira.

Um dos banqueiros mais bem-sucedidos do estado de Illinois tem uma placa em seu escritório que contém os seguintes dizeres: "Por aqui falamos e pensamos somente em abundância. Se você tem uma história de infortúnio, por favor, guarde para si, pois não queremos ouvir".

Nenhuma firma de negócios deseja os serviços de um pessimista, e aqueles que entendem a lei da atração e a lei do hábito não vão permitir a um pessimista mais do que tolerariam de um ladrão que ficasse rondando o local em que fazem seus negócios, pelo motivo de que uma pessoa dessas destruirá a utilidade de todos que estão ao redor.

A escravidão da dívida

A dívida é um mestre implacável, um inimigo fatal do hábito de economizar.

A pobreza sozinha é suficiente para aniquilar a ambição, destruir a autoconfiança e destruir a esperança, mas acrescente a ela o fardo da dívida, e todos aqueles que são vítimas desses dois capatazes cruéis estão praticamente fadados ao fracasso.

Nenhum homem consegue fazer seu melhor trabalho, nenhum homem consegue expressar-se em termos que demandem respeito, nenhum homem consegue criar ou realizar um propósito definido na vida com dívida pesada pendendo sobre a cabeça. O homem que está preso na escravidão da dívida fica tão incapacitado quanto o escravo que é contido por correntes de metal.

O homem que está preso na escravidão da dívida não tem tempo nem inclinação para construir ou trabalhar em ideais, e como resultado ele vai decaindo com o tempo, até que, no fim das contas, começa a inventar limitações em sua mente, e com estas ele se isola por detrás dos muros de uma prisão de medo e dúvida, da qual ele nunca escapa.

Nenhum sacrifício é grande demais para evitar a miséria da dívida!

Existem duas classes de dívidas, e estas são tão diferentes em natureza que merecem ser aqui descritas, como segue:

1. Existem as dívidas que incorrem em regalias que se acabam perdendo.
2. Existem as dívidas que incorrem no processo de comércio profissional ou de negócios que representam serviços ou produtos que podem ser convertidos de volta em ativos.

A primeira classe de dívidas é a que mais deve ser evitada. Na segunda classe, pode-se até incorrer, contanto que a pessoa que contraia as dívidas use o julgamento e não ultrapasse as fronteiras dos limites razoáveis. No momento em que a pessoa compra além de seus limites, ela entra no reino da especulação, e a especulação mais engole suas vítimas do que as enriquece.

A pessoa que vive livre das dívidas pode deixar a pobreza para trás e alcançar incrível sucesso financeiro, mas, se ficar presa às dívidas, essa realização passa a ser uma possibilidade remota e jamais uma probabilidade.

Como dominar o medo da pobreza

Para derrotar o medo da pobreza, a pessoa precisa dar dois passos muito definidos, caso esteja endividada. Primeiro, abandonar o hábito de comprar a prazo, e em seguida ir gradualmente pagando as dívidas que já contraiu.

Somente abandonar um hábito indesejado não é suficiente, pois tais hábitos têm a tendência de reaparecer, a não ser que o lugar que ocupavam antes na mente seja ocupado por algum outro hábito, de natureza diferente.

Eu ficaria profundamente desapontado se soubesse que algum leitor ficou com a impressão, pelo que leu aqui ou em qualquer um dos outros capítulos, de que o sucesso é medido apenas em dólares.

Entretanto, o dinheiro representa um fator importante no sucesso, e deve receber seu valor adequado em qualquer filosofia que pretenda ajudar as pessoas a se tornarem úteis, felizes e prósperas.

A fria, cruel e imperdoável realidade é que, nesta era de materialismo, um homem não é muito mais do que alguns grãos de areia que podem ser soprados à revelia por qualquer jorro dos ventos das circunstâncias, a não ser que ele esteja entrincheirado por detrás do poder do dinheiro!

Um homem que não tem dinheiro está à mercê do homem que o possui!

E isso é válido mesmo com toda a habilidade que talvez ele tenha, o treinamento que recebeu ou a genialidade inata com a qual foi agraciado pela natureza.

Muitos homens enfrentaram uma longa jornada em direção ao sucesso apenas para tropeçar e cair, e nunca mais se levantar, por causa da falta de dinheiro em situações de emergência. A taxa de mortalidade dos negócios, a cada ano, em virtude da falta de capital de reserva para emergências é estupenda. Essa é a causa de mais fracassos de negócios do que todas as outras causas combinadas!

Fundos de reserva são essenciais para a operação bem-sucedida de um negócio! Os centavos, as moedas que a pessoa comum permite escapar por entre os dedos, se forem sistematicamente economizados e adequadamente empregados, acabam por trazer a independência financeira.

Por cortesia de uma proeminente Associação de Construção e Empréstimos, a tabela seguinte foi compilada, e ela mostra o que uma economia mensal de US$ 5, US$ 10, US$ 25 ou US$ 50 vai render ao final de dez anos. Esses valores são impressionantes se você considerar o fato de que as pessoas, em média, gastam entre US$ 5 e US$ 50 por mês com produtos inúteis ou o famoso "entretenimento".

Fazer e economizar dinheiro é uma ciência, entretanto, as regras segundo as quais o dinheiro é acumulado são tão simples que qualquer um pode segui-las. O principal requisito é a disposição para subordinar o presente ao futuro, eliminando gastos desnecessários com regalias.

A maneira incrível como o seu dinheiro cresce

ECONOMIZE **U$ 5 POR MÊS** (apenas U$ 0,17 por dia)*				
Tempo	Quantia economizada	Lucro	Economia mais lucro	Valor retirado
Primeiro ano	$ 60.00	$ 4.30	$ 64.30	$ 61.30
Segundo ano	$ 120.00	$ 16.55	$ 136.00	$ 125.00
Terceiro ano	$ 180.00	$ 36.30	$ 216.30	$ 191.55
Quarto ano	$ 240.00	$ 64.00	$ 304.00	$ 260.20
Quinto ano	$ 300.00	$ 101.00	$ 401.00	$ 338.13
Sexto ano	$ 360.00	$ 140.00*	$ 500.00*	$ 414.75*
Sétimo ano	$ 420.00	$ 197.10	$ 617.10	$ 495.43
Oitavo ano	$ 480.00	$ 257.05	$ 737.05	$ 578.32
Nono ano	$ 540.00	$ 324.95	$ 864.95	$ 687.15
Décimo ano	$ 600.00	$ 400.00	$ 1000.00	$ 1000.00
ECONOMIZE **U$ 10 POR MÊS** (apenas U$ 0,33 por dia)*				
Tempo	Quantia economizada	Lucro	Economia mais lucro	Valor retirado

Primeiro ano	$ 120.00	$ 8.60	$ 128.60	$ 122.60
Segundo ano	$ 240.00	$ 33.11	$ 273.11	$ 250.00
Terceiro ano	$ 360.00	$ 72.60	$ 432.60	$ 383.10
Quarto ano	$ 480.00	$ 128.00	$ 608.00	$ 520.40
Quinto ano	$ 600.00	$ 202.00	$ 802.00	$ 676.25
Sexto ano	$ 720.00	$ 280.00	$ 1000.00*	$ 829.50
Sétimo ano	$ 840.00	$ 394.20	$ 1234.20	$ 990.85
Oitavo ano	$ 960.00	$ 514.10	$ 1474.10	$ 1156.64
Nono ano	$ 1080.00	$ 649.90	$ 1729.90	$ 1374.30
Décimo ano	$ 1200.00	$ 800.00	$ 2000.00	$ 2000.00

ECONOMIZE **U$ 25 POR MÊS** (apenas U$ 0,83 por dia)*

Tempo	Quantia economizada	Lucro	Economia mais lucro	Valor retirado
Primeiro ano	$ 300.00	$ 21.50	$ 321.50	$ 306.50
Segundo ano	$ 600.00	$ 82.75	$ 682.75	$ 625.00
Terceiro ano	$ 900.00	$ 181.50	$ 1081.50	$ 957.75
Quarto ano	$ 1200.00	$ 320.00	$ 1520.00	$ 1301.00
Quinto ano	$ 1500.00	$ 505.00	$ 2005.00	$ 1690.63
Sexto ano	$ 1800.00	$ 700.00	$ 2500.00*	$ 2073.75*
Sétimo ano	$ 2100.00	$ 985.50	$ 3085.50	$ 2477.13
Oitavo ano	$ 2400.00	$ 1285.25	$ 3685.25	$ 2891.60
Nono ano	$ 2700.00	$ 1624.75	$ 4324.75	$ 3435.75
Décimo ano	$ 3000.00	$ 2000.00	$ 5000.00	$ 5000.00

ECONOMIZE **U$ 50 POR MÊS** (apenas U$ 1,16 por dia)*

Tempo	Quantia economizada	Lucro	Economia mais lucro	Valor retirado
Primeiro ano	$ 600.00	$ 43.00	$ 643.00	$ 613.00
Segundo ano	$ 1200.00	$ 165.50	$ 1365.50	$ 1250.00
Terceiro ano	$ 1800.00	$ 363.00	$ 2163.00	$ 1915.50
Quarto ano	$ 2400.00	$ 640.00	$ 3040.00	$ 2602.00
Quinto ano	$ 3000.00	$ 1010.00	$ 4010.00	$ 3381.25
Sexto ano	$ 3600.00	$ 1400.00	$ 5000.00*	$ 4147.50*
Sétimo ano	$ 4200.00	$ 1971.00	$ 6171.00	$ 4954.25
Oitavo ano	$ 4800.00	$ 2570.50	$ 7370.50	$ 5783.20
Nono ano	$ 5400.00	$ 3249.50	$ 8649.50	$ 6871.50
Décimo ano	$ 6000.00	$ 4000.00	$ 10.000.00	$ 10.000.00

* Valores praticados na época em que o livro foi escrito (N.E.)

A tabela acima, que mostra o que uma economia de US$ 5 por mês renderá após dez anos, deveria ser copiada e colada no seu espelho, onde ela vai encará-lo de frente a cada manhã, quando você se levantar, e toda noite, quando for se recolher, a não ser que você já tenha adquirido o hábito de economizar dinheiro sistematicamente. Essa tabela deveria ser reproduzida, em letras e números grandes, e colada nas paredes de todas as escolas públicas do país, onde poderá servir como lembrete constante a todos os alunos do valor do hábito de economizar.

Alguns anos atrás, antes de pensar seriamente no valor do hábito de economizar, este autor fez o cálculo do dinheiro que havia escorrido por entre seus dedos. A quantia foi tão alarmante que resultou na escrita deste capítulo e na adição do hábito de economizar como uma das leis do sucesso.

Segue um relato, em itens, dos meus cálculos:

US$ 4.000,00	Herdado, investido em uma empresa de venda de automóveis com um amigo que perdeu toda a quantia em um ano.
US$ 3.600,00	Dinheiro extra recebido escrevendo para revistas e jornais, todo gasto com inutilidades.
US$ 30.000,00	Recebido ao treinar 3 mil vendedores, com a ajuda da filosofia das leis do sucesso, investido em uma revista que não foi um sucesso, porque não havia capital de reserva para dar apoio.
US$ 3.400,00	Dinheiro extra recebido por dar palestras, aulas etc., todo gasto assim que entrou.
US$ 6.000,00	Quantia estimada que poderia ter sido economizada durante o período de dez anos, dos rendimentos regulares, à quantia de apenas US$ 50 por mês.
TOTAL US$ 47.000,00	

Essa quantia, se tivesse sido economizada e investida assim que foi recebida, de algum modo que tivesse rendido juros compostos, teria crescido à soma de US$ 94 mil na época em que este capítulo está sendo escrito.

O autor não é vítima de nenhum dos hábitos usuais de desperdício, como jogatina, bebedeira e entretenimento excessivo. É quase inacreditável que um homem cujos hábitos de vida são razoavelmente moderados seja capaz de gastar US$ 47 mil dentro de pouco menos de dez anos sem ter nada que represente esse dinheiro, mas é bem possível!

O hábito de economizar dinheiro requer mais força de caráter do que a maioria das pessoas já desenvolveu, porque economizar significa negar-se e sacrificar diversão e prazeres de diversas e variadas formas.

Por esse mesmo motivo, a pessoa que desenvolve o hábito de economizar adquire, ao mesmo tempo, muitos dos outros hábitos necessários para alcançar o sucesso, principalmente o autocontrole, a autoconfiança, a coragem, a postura e uma vida livre de medos.

Este é um momento adequado para elencar alguns fatos que têm influência tão direta na questão de alcançar o sucesso que não podem ser omitidos sem que se enfraqueça todo este livro em geral, e este capítulo em particular.

Durante o ano de 1926, o autor tinha uma parceria com o falecido Don R. Mellett, que, na época, era editor do jornal *Canton Daily News*, em Ohio. O Sr. Mellett ficou interessado na filosofia das leis do sucesso, porque ela oferecia, segundo ele acreditava, conselhos sólidos para jovens rapazes e moças que realmente desejavam evoluir na vida. Por entre as páginas do *Daily News*, o Sr. Mellett estava conduzindo uma batalha ferrenha contra as forças do submundo de Canton. Com a ajuda de detetives e investigadores, alguns destes fornecidos pelo governo de Ohio, o Sr. Mellett e o autor reuniram dados precisos acerca do modo como a maioria das pessoas estava vivendo em Canton.

Em julho de 1926, o Sr. Mellett foi assassinado em uma emboscada, e quatro homens, um deles um ex-membro da polícia de Canton, foram subsequentemente condenados, pelo crime, à prisão perpétua na Penitenciária Estadual de Ohio.

Um dos agentes de uma grande fábrica, cujo salário era de US$ 6 mil por ano, pagava a um contrabandista de Canton uma média de US$ 300 por mês pela bebida (se é que aquela "coisa" podia ser chamada de bebida) que ele usava para seu "entretenimento". A esposa participava desses "entretenimentos", que ocorriam na própria casa dele.

Um policial, cujo salário era de US$ 160 mensais, gastava mais de US$ 400 por mês em jantares em uma estalagem próxima. De onde ele tirava a diferença entre sua renda legítima e seus verdadeiros gastos é uma questão que não indica crédito para o policial.

Um jovem que trabalhava em uma loja de departamento, com salário de US$ 20 semanais, estava gastando uma média de US$ 35 por semana com um contrabandista. Supunha-se que ele estava roubando essa diferença de seu empregador. Uma bela confusão aguardava esse rapaz logo ali na esquina, embora o autor não saiba se esses dois já chegaram a se encontrar ou não.

O vendedor de uma companhia de seguros de vida, cujo salário não se sabe, porque ele trabalhava com comissão, estava gastando uma média de US$ 200 por mês com um contrabandista. Não foi encontrado registro de conta bancária, e supôs-se que ele não tinha. Essa suposição foi, mais tarde, confirmada quando a empresa para a qual o rapaz trabalhava mandou prendê-lo por causar desfalque em seus fundos. Sem dúvida, ele estava gastando o dinheiro que deveria devolver à empresa. Ele está, atualmente, cumprindo uma longa sentença na Penitenciária Estadual de Ohio.

Este autor conduziu um ciclo de palestras em 41 escolas de ensino médio, onde palestrou uma vez por mês durante todo o ano letivo.

Os diretores dessas escolas afirmavam que menos de 2% desses alunos mostravam alguma tendência a economizar dinheiro, e uma avaliação realizada por meio da aplicação de um questionário preparado para esse propósito revelou que somente 5% dos alunos, de um total de onze mil alunos do ensino médio, acreditavam que o hábito de economizar era um dos fatores essenciais para o sucesso.

Não é de se admirar que os ricos estejam ficando mais ricos; e os pobres, ficando mais pobres!

Muitos anos atrás, antes de essa atual onda de gastar ter se espalhado pelo país, F. W. Woolworth divisou um método muito simples de recolher as moedinhas que milhões de pessoas acabam jogando fora, e esse sistema rendeu-lhe mais de US$ 100 milhões em questão de poucos anos. Woolworth já morreu, mas seu sistema de economizar moedas permanece, e seu patrimônio não para de crescer.

Existe uma regra com que qualquer homem pode determinar, muito previamente, se algum dia ele terá a liberdade e a independência financeira tão universalmente desejadas por todos os homens, e essa regra não tem absolutamente nada a ver com a quantia de dinheiro que alguém ganha.

A regra diz que, se um homem segue o hábito sistemático de economizar uma proporção definida de todo o dinheiro que ganha ou recebe de outras formas, ele praticamente garante que será colocado em uma posição de independência financeira. Se ele não economiza nada, é certeza absoluta que nunca será independente financeiramente, qualquer que seja o seu rendimento.

É melhor sacrificar-se na época da juventude, mais do que ser compelido a tanto durante o tempo da maturidade, como todos aqueles que não desenvolveram o hábito de economizar geralmente têm de fazer.

Não há nada tão humilhante, que traga tanta agonia e sofrimento, como a pobreza na velhice, quando os serviços que se pode executar já não são mais ofertados com a mesma facilidade, e a pessoa precisa recorrer a parentes ou a instituições de caridade para sobreviver.

Já foi provado inúmeras vezes, mais do que vale a pena mencionar, que as pessoas que formaram o hábito de economizar dinheiro sempre têm a preferência em empregos que envolvem responsabilidade; portanto, a economia de dinheiro não somente acrescenta vantagens na hora de ser escolhido para um emprego e lhe garante uma conta bancária maior, como também aumenta a capacidade de ganhar dinheiro. Qualquer executivo vai preferir empregar uma pessoa que economiza dinheiro regularmente, não pelo simples fato de que essa pessoa economiza dinheiro, mas por causa das características que essa pessoa tem, que fazem dela alguém mais eficiente.

Oportunidades que vêm para aqueles que economizaram dinheiro

Quando o automóvel Ford foi aperfeiçoado, durante os primeiros tempos de sua existência, Henry Ford precisava de capital para promover a fabricação e a venda do produto. Ele recorreu a alguns amigos que tinham economizado alguns milhares de dólares, e um deles era o senador Couzens. Esses amigos vieram em seu socorro, investiram alguns milhares de dólares nele, e mais tarde obtiveram milhões de dólares de lucro.

Quando Woolworth começou sua primeira loja da rede Five and Ten Cent, ele não tinha capital, mas recorreu a alguns amigos que tinham economizado, da forma mais justa de economizar e com grande sacrifício, alguns milhares de dólares. Esses amigos o financiaram e, mais tarde, receberam em retorno centenas de milhares de dólares em lucro.

Van Heusen (do colarinho macio) concebeu a ideia de produzir um colarinho macio para os homens. Sua ideia era boa, mas ele não tinha um centavo para promovê-la. Ele recorreu a alguns amigos que tinham apenas algumas centenas de dólares, que lhe deram um empurrão, e o colarinho fez cada um deles ficar rico.

Os homens que iniciaram a empreitada dos charutos El Producto tinham muito pouco capital, e o que tinham era o dinheiro que haviam economizado de seus pequenos rendimentos como fabricantes de charutos. Eles tiveram uma boa ideia e sabiam como fazer um bom charuto, mas a ideia teria morrido antes mesmo de nascer se eles não tivessem economizado um pouco de dinheiro. Com suas parcas economias, lançaram o charuto, e poucos anos depois venderam a empresa para a Companhia Americana de Tabaco por US$ 8 milhões.

Na base de praticamente toda grande fortuna de que se ouve falar, bem no início, encontra-se um bem desenvolvido hábito de economizar dinheiro.

John D. Rockefeller era um escriturário comum. Ele concebeu a ideia de desenvolver um negócio na área do petróleo, que na época nem era considerado um negócio. Ele precisava de capital, e, por ter desenvolvido o hábito de economizar e, por meio disso, provado que conseguiria conservar os fundos de outras pessoas, não teve dificuldade de tomar emprestado o dinheiro de que precisava.

Pode-se afirmar com certeza que a verdadeira base da fortuna de Rockefeller é o hábito de economizar dinheiro que o Sr. Rockefeller desenvolveu na época em que trabalhava como escriturário e recebia um salário de US$ 40 dólares.

James J. Hill era um rapaz pobre, trabalhava como telégrafo e recebia um salário de US$ 30 por mês. Ele concebeu a ideia do Grande Sistema de Ferrovias do Norte, mas essa ideia estava fora das proporções de sua capacidade financeira. Contudo, ele havia formado o hábito de economizar dinheiro, e, com o singelo salário de US$ 30 mensais, conseguira economizar o bastante para poder pagar as despesas de uma viagem a Chicago, onde convenceu capitalistas a financiarem seu plano. O fato de que ele mesmo economizara dinheiro, mesmo com o salário baixo que recebia, foi considerado bom sinal de que ele seria um homem confiável para receber o dinheiro de outras pessoas.

A maioria dos homens de negócios não confiará seu dinheiro às mãos de outro homem a não ser que este tenha demonstrado sua capacidade de cuidar do próprio dinheiro e usá-lo sabiamente. Esse teste, embora costume ser embaraçoso para aqueles que não formaram o hábito de economizar, é algo muito prático.

Um jovem rapaz que trabalhava em uma gráfica na cidade de Chicago queria abrir uma gráfica menor e tocar um negócio todo seu. Ele foi ter com o gerente de um fornecedor e explicou tudo que planejava, dizendo que queria dinheiro emprestado para comprar impressora, tipo móvel e outros equipamentos pequenos.

A primeira pergunta que o gerente fez foi: "Você tem algum dinheiro que você mesmo economizou?".

Ele tinha! Do salário de US$ 30 por semana, o rapaz economizara US$ 15 semanais regularmente por quase quatro anos. E assim conseguiu o empréstimo que queria. Mais tarde, obteve ainda mais crédito, e hoje em dia ele tem uma das gráficas mais bem-sucedidas da cidade de Chicago. Seu nome é George B. Williams, e ele é um conhecido próximo, tanto quanto os fatos aqui descritos, do autor deste curso.

Muitos anos após esse incidente, o autor deste livro conheceu o Sr. Williams, e no final da guerra, em 1918, o autor foi falar com o Sr. Williams e pediu dinheiro emprestado, uma quantia de muitos milhares de dólares, com a intenção de publicar a Revista *Regra de Ouro*.

A primeira coisa que ele perguntou foi: "Você desenvolveu o hábito de economizar dinheiro?". Apesar de que todo o dinheiro que eu tinha economizado tivesse sido perdido na guerra, o simples fato de que eu tinha realmente formado o hábito de economizar foi a verdadeira razão pela qual obtive o empréstimo de US$ 30 mil.

Existem oportunidades em cada esquina, mas existem somente para quem tem dinheiro à disposição, ou quem consegue juntar dinheiro porque já formou o hábito de economizar e desenvolveu as outras características que acompanham a formação do hábito de economizar, conhecidas pelo termo geral "caráter". A coisa mais grandiosa da vida é a liberdade!

Não há como ter liberdade de verdade sem um grau razoável de independência financeira. É uma coisa terrível ser forçado a estar em certo lugar, exercendo certa tarefa (talvez uma tarefa de que a pessoa não goste) por certo número de horas todo dia útil da semana, por uma vida inteira. De certa forma, é o mesmo que estar em uma prisão, visto que as escolhas da pessoa são sempre limitadas. Não é muito melhor do que viver em uma prisão, e, de certa maneira, acaba sendo ainda pior, pois o homem aprisionado livrou-se da responsabilidade de conseguir um lugar no qual dormir, algo para comer e roupas para vestir.

A única esperança de escapar dessa estafa de toda uma vida que mina a liberdade é formar o hábito de economizar dinheiro e sustentar esse hábito, apesar de todo o sacrifício que possa requerer. Não existe alternativa para milhões de pessoas, e, a não ser que você seja uma das raras exceções, este capítulo e todos os fatos aqui descritos foram feitos para você e se aplicam a você!

> O hábito de economizar deveria ser desenvolvido desde cedo, na vida. Se você não consegue economizar um pouco quando seu salário está baixo, é provável que você não economizará dinheiro quando seu salário aumentar. A quantia que você economiza não é tão importante quanto desenvolver o hábito de economizar. Só se lembre de que uma parte de cada quantia que você ganha é para você guardar.

– **Don M. Green**
Diretor-executivo, executivo-chefe e curador.

LIÇÃO CINCO

INICIATIVA E LIDERANÇA

"Você consegue fazer se acreditar que consegue!"

Iniciativa e liderança são termos associados, nesta lição, porque a liderança é essencial para a obtenção do sucesso, e a iniciativa é a fundação sobre a qual esta necessária qualidade, que é a liderança, é construída. A iniciativa é tão essencial ao sucesso como um eixo é essencial à roda de uma carroça.

E o que é a iniciativa?

É aquela qualidade extremamente rara que incita – ou melhor, impele – uma pessoa a fazer aquilo que precisa ser feito sem que alguém tenha de mandar que ela faça. Elbert Hubbard expressou-se acerca do tema da iniciativa nas seguintes palavras: "O mundo concede seus maiores prêmios, tanto em dinheiro quanto em honrarias, para uma coisa, e esta é a iniciativa. O que é a iniciativa? Eu posso dizer: é fazer a coisa certa sem que alguém mande você fazê-la".

Uma das peculiaridades da liderança é o fato de que ela nunca é encontrada naqueles que não adquiriram o hábito de tomar a iniciativa. A liderança é algo para o que você precisa convidar-se a adentrar; ela nunca vai se impor a você. Se analisar com atenção todos os líderes que conhece, você verá que eles não somente exerceram liderança, mas também conduziram seu trabalho com um propósito definido em mente. Verá também que eles tinham essa qualidade conhecida como autoconfiança.

Um grande filósofo disse, um dia: "A iniciativa é a senha que abre a porta para a oportunidade".

Agora vamos delinear o procedimento exato que você deve seguir se quiser tornar-se uma pessoa de iniciativa e liderança.

Primeiro: você precisa dominar o hábito de procrastinar e eliminá-lo do seu sistema. Esse hábito de empurrar para amanhã aquilo que você deveria ter feito semana passada ou ano passado, ou muitos anos atrás, vive de roer tudo que você tem de mais vital, e você nunca realizará nada se não se livrar disso.

Copie a fórmula seguinte e coloque-a em um lugar bem visível, no seu quarto, onde você possa ver sempre que for se recolher, à noite, e quando acordar, pela manhã:

Iniciativa e liderança

> Tendo escolhido um objetivo principal definido como meu projeto de vida, agora compreendo que é meu dever transformar esse propósito em realidade.

Portanto, vou desenvolver o hábito de tomar alguma atitude definida, todos os dias, que vai me levar um passo à frente para alcançar o meu objetivo principal definido.

Sei que a procrastinação é um inimigo mortal de todos aqueles que se tornam líderes em qualquer empreitada, e vou eliminar esse hábito do meu sistema da seguinte maneira:

a. Fazendo alguma coisa definida todos os dias, algo que precise ser feito, sem que ninguém me mande fazer.
b. Olhando ao redor até encontrar pelo menos uma coisa que posso fazer, a cada dia, que eu não tinha o hábito de fazer e que será valioso para os outros, sem esperar ser pago por isso.
c. Contando a pelo menos uma outra pessoa, todo dia, sobre o valor de praticar esse hábito de fazer algo que precisa ser feito sem que alguém me mande fazer.

Vejo que os músculos do corpo ficam mais fortes na mesma proporção da intensidade na qual são usados; portanto, entendo que o hábito da iniciativa também se torna fixo na mesma proporção em que é praticado.

Percebo que a área em que devo começar a desenvolver o hábito da iniciativa está nas coisas pequenas e comuns conectadas à minha atividade diária; portanto, vou trabalhar todos os dias como se o fizesse apenas com o propósito de desenvolver esse necessário hábito da iniciativa.

Entendo que, praticando esse hábito de tomar a iniciativa em conexão com a minha atividade diária, não somente estarei desenvolvendo esse hábito, mas também estarei atraindo a atenção daqueles que darão maior valor aos meus serviços como resultado dessa prática.

Assinado:

Trabalha comigo uma jovem que abre, organiza e responde boa parte da minha correspondência pessoal. Ela começou a trabalhar comigo há mais de três anos. Na época, seus deveres incluíam tomar ditado quando eu precisava que fizesse isso. O salário dela era mais ou menos o mesmo que outras pessoas recebem por serviços similares. Certo dia, ditei o seguinte mote, que pedi que ela datilografasse para mim: "Lembre-se de que sua única limitação é aquela que você mesmo coloca em sua mente".

Quando entregou a folha datilografada para mim, ela disse: "Seu mote me deu uma ideia que será de grande valor para você e para mim".

Eu lhe disse que estava contente de lhe ter sido útil de alguma forma. O incidente não deixou impressão especial na minha mente, mas, desse dia em diante, pude ver que causara tremenda impressão na mente dela. Ela começou a retornar ao escritório depois do jantar para fazer serviço pelo qual não era paga nem que se esperava que ela fizesse. Sem que ninguém lhe tivesse pedido, ela começou a trazer à minha mesa cartas que havia respondido para mim. Ela havia estudado o meu estilo, e essas cartas foram respondidas tão bem quanto eu mesmo teria feito; em alguns casos, melhor ainda. Ela manteve esse hábito até que meu secretário pessoal pediu demissão. Quando comecei a procurar alguém para assumir o lugar dele, nada foi mais natural do que recorrer a essa moça para ocupar o cargo. Antes que eu tivesse tempo para oferecer-lhe o cargo, ela o ocupou por iniciativa própria. Minha correspondência pessoal começou a chegar à minha mesa com o nome de uma nova secretária escrito ali, e essa secretária era ela. No seu tempo livre, depois do expediente, sem receber a mais, ela tinha se preparado para o melhor cargo da minha equipe.

Isso nos leva ao passo seguinte da nossa descrição do procedimento exato que você deve seguir ao desenvolver iniciativa e liderança.

Você, claro, entende que o único jeito de obter felicidade é concedendo felicidade aos outros. O mesmo se aplica ao desenvolvimento da iniciativa. Você pode ter ainda mais êxito em desenvolver essa qualidade essencial em si mesmo assumindo, como uma atividade sua, fazer com que as pessoas ao seu redor fiquem interessadas em fazer o mesmo. É fato bastante conhecido que uma pessoa aprende melhor aquilo em que se engaja para ensinar aos outros. Quando uma pessoa abraça certo credo ou fé religiosa, a primeira coisa que faz é sair por aí para tentar "vendê-lo" para os outros. E na mesma e exata proporção em que ela consegue impressionar os outros, ela impressiona a si mesma.

No seu local de trabalho ou na comunidade em que mora, você entra em contato com outras pessoas. Empenhe-se sempre em fazer cada um daqueles que lhe derem um pouco de atenção ficarem interessados em desenvolver a iniciativa. Não será necessário que você explique os motivos pelos quais faz isso, nem será necessário que anuncie o fato de que está fazendo isso.

Chegamos agora ao passo seguinte da nossa descrição do procedimento exato que você deve seguir ao desenvolver iniciativa e liderança.

Diz-se que "cooperação" é a palavra mais importante da língua inglesa. Ela exerce papel importante nas questões do lar, no relacionamento entre esposo e esposa, entre pais e filhos. Exerce papel importante nas questões do Estado. Tão importante é o princípio de cooperação que nenhum líder pode tornar-se poderoso ou durar bastante se não entender esse princípio e não o aplicar em sua liderança.

Durante a Primeira Guerra Mundial, tive a sorte de ouvir a análise de um grande soldado acerca de como ser líder. Essa análise foi dada aos alunos do Segundo Campo de Treinamento de Fort Sheridan pelo major C. A. Bach, um quieto e modesto agente militar que atuava como instrutor.

Guardei uma cópia dessa palestra, porque acredito que seja uma das melhores lições já gravadas acerca de liderança. Ela inclui muitos dos elementos de liderança enfatizados neste capítulo.

O major Bach disse o seguinte:

> Dentro de pouco tempo, cada um de vocês controlará as vidas de certo número de outros homens. Vocês terão, sob o seu comando, cidadãos leais, porém destreinados, que contarão com vocês para instrução e direcionamento. Sua palavra será a lei. O mais comum dos seus comentários será lembrado. Seus maneirismos serão copiados. Suas roupas, seu caminhar, seu vocabulário, seu jeito de comandar serão imitados.
>
> Quando unir-se à sua organização, nela você encontrará um grupo de homens dispostos que não lhe pedirão nada além das qualidades que incitarão neles seu respeito, sua lealdade e sua obediência.
>
> Eles estão perfeitamente prontos e ávidos por segui-lo contanto que você possa convencê-los de que tem essas qualidades. Quando chegar um dia em que eles tiverem certeza de que você não as tem, você pode dar adeus a si mesmo. Sua utilidade nessa organização chegou ao fim.
>
> Em poucos dias, todos vocês receberão incumbências dos oficiais. Essas incumbências não farão de vocês líderes; farão de vocês apenas oficiais. Elas os colocarão em uma posição em que vocês poderão tornar-se líderes se tiverem os atributos adequados. Mas vocês devem agir corretamente, não tanto com os homens que estão acima de vocês, mas com os que estão abaixo.
>
> Os homens devem e seguirão em combate oficiais que não são líderes, mas a energia que impulsiona esses homens não é o entusiasmo, é a disciplina. Eles vão com dúvida e hesitação que incitam a pergunta não enunciada: "O que ele vai fazer agora?". Homens como esses obedecem às ordens que recebem, mas nada além disso. Devoção pelo comandante, entusiasmo exaltado que zomba do risco pessoal, autossacrifício para garantir a segurança pessoal, disso

tudo eles não sabem nada. Suas pernas os carregam para a frente, porque seu cérebro e seu treinamento lhes dizem que é isso que eles devem fazer. Seu espírito não vai com eles.

Grandes resultados não são alcançados por soldados frios, passivos, indiferentes. Eles não vão muito adiante, e param assim que podem. A liderança não somente demanda, mas também recebe obediência e lealdade dispostas, decididas, que não vacilam, de outros homens – e uma devoção que fará com que esses homens, quando chegar a hora, sigam seu rei sem coroa até o inferno mais de uma vez, se necessário.

Vocês se perguntarão: "Em que, então, consiste a liderança? O que devo fazer para me tornar um líder? Quais são os atributos da liderança, e como faço para cultivá-los?".

A liderança é um composto formado por uma porção de qualidades. Entre as mais importantes, eu colocaria autoconfiança, ascendência moral, autossacrifício, paternalismo, dignidade, coragem.

A autoconfiança resulta, primeiro, do conhecimento exato; em segundo, da habilidade de transmitir esse conhecimento; e terceiro, da sensação de superioridade com relação aos outros, que vem em seguida. Tudo isso concede postura ao oficial. Para liderar, você deve saber! Você pode até blefar para a maioria dos seus homens por certo tempo, mas não há como fazer isso o tempo todo. Os soldados não depositarão confiança em um oficial se ele não souber nada do seu ofício, e ele deve ter conhecimento de base.

Não existe substituto para o conhecimento preciso!

Seja tão bem informado que os homens o procurem para fazer perguntas, que seus colegas oficiais digam uns aos outros: "Pergunte ao Smith – ele sabe".

Enquanto a autoconfiança é o resultado de saber mais do que os seus homens, a ascendência moral que você exerce sobre eles baseia-se na crença de que você é o melhor. Para conquistar e manter essa ascendência, você precisa ter autocontrole, vitalidade e resistência física, e força moral. Você deve estar tão preparado que, mesmo que durante o combate perceba que está paralisado de pavor, nunca demonstre o medo. Pois, se por um mero movimento apressado ou um tremor das mãos ou uma mudança de expressão ou uma ordem precipitada, revogada logo em seguida, você denunciar sua condição mental, isso será refletido nos seus homens em um grau muito maior.

Outro elemento na obtenção da ascendência moral reside em ter vitalidade e resistência física suficientes para suportar as dificuldades às quais você e os seus homens serão sujeitados, bem como um espírito destemido que lhe permita não somente aceitá-las alegremente como também minimizar sua magnitude.

A força moral é o terceiro elemento para a conquista da ascendência moral. Para exercer força moral, você deve levar uma vida imaculada; deve ter energia cerebral suficiente para enxergar o certo e a vontade para fazer o que é correto.

Seja um exemplo para os seus homens!

O autossacrifício é essencial para a liderança. Você vai conceder, doar o tempo todo. Vai se doar fisicamente, pois os mais longos períodos, o mais pesado trabalho e a maior responsabilidade são os do capitão. Ele é o primeiro a acordar e o último a entrar, à noite. Ele trabalha enquanto os outros dormem.

Quando digo que o paternalismo é essencial à liderança, uso o termo em seu melhor sentido. Não me refiro, agora, àquela forma de paternalismo que rouba do homem a iniciativa, a autoconfiança, o respeito próprio. Refiro-me ao paternalismo que se manifesta em um cuidado atencioso com o conforto e o bem-estar daqueles que estão sob o seu comando.

"Soldados são como crianças. É preciso garantir que tenham abrigo, alimento e vestimenta, os melhores que seus maiores esforços possam fornecer. Você precisa garantir que eles tenham comida para comer antes de pensar na sua; que tenham, cada um, a melhor cama que puder ser providenciada antes de considerar onde você vai dormir. Você tem de ser muito mais solícito com relação ao conforto deles do que com o seu. Precisa cuidar da saúde deles. Tem de conservar as forças deles, não requisitando esforço desnecessário ou trabalho inútil.

E, ao fazer todas essas coisas, você está soprando vida para dentro do que seria, do contrário, uma simples máquina. Está criando uma alma em sua organização que fará a massa responder a você como se fosse um só homem. E isso é o *espírito.*

Você deve frequentemente agir sem ordens de uma autoridade superior. O tempo não lhe permitirá que você espere por eles. Aqui entra novamente a importância de estudar o trabalho dos oficiais que estão acima de você. Se você tem uma compreensão abrangente de toda a situação e pode conceber uma ideia do plano geral dos seus superiores, isso e o seu treinamento de emergência o capacitarão a determinar que a responsabilidade é sua e emitir as ordens necessárias sem demora.

O elemento da dignidade pessoal é importante na liderança militar. Seja amigo dos seus homens, mas não fique assim tão íntimo. Seus amigos devem ter admiração por você – não medo! Se seus homens ousam ficar mais íntimos, a culpa é sua, não deles. Suas atitudes os encorajaram a fazer isso. E, acima de tudo, não se rebaixe cortejando a amizade deles ou buscando seu favor. Eles o desprezarão por isso. Se você for digno da lealdade, do respeito e da devoção deles, eles certamente lhe darão tudo isso sem que você peça. Se você não for, nada que faça poderá ganhá-los.

E em seguida eu mencionaria a coragem. A coragem moral é tão necessária quanto a coragem mental – esse tipo de coragem moral que lhe permite aderir, sem pestanejar, a determinado rumo de ação que seu julgamento indicou como o mais adequado para garantir os resultados desejados.

Você descobrirá, muitas vezes, principalmente em ação, que, após ter emitido suas ordens de fazer determinada coisa, será assediado por receios e dúvidas; e verá, ou vai achar que viu, outros e melhores meios de alcançar o objetivo almejado. Você será intensamente tentado a mudar suas ordens. Não faça isso enquanto não ficar evidente que as primeiras ordens estavam totalmente erradas. Pois, se fizer, você será, mais uma vez, assediado por dúvidas quanto à eficácia dessas segundas ordens.

Toda vez que muda suas ordens sem motivo óbvio, você enfraquece sua autoridade e compromete a confiança dos seus homens. Tenha a coragem moral de defender suas ordens até o final.

A coragem moral demanda, mais adiante, que você assuma a responsabilidade pelos seus atos. Se seus subordinados cumpriram lealmente as suas ordens e a ação que você dirigiu foi um fracasso, o fracasso é seu, não deles. A honra teria sido sua se a ação tivesse sido bem-sucedida. Assuma a culpa se ela resultar em um desastre. Não tente passá-la para um subordinado, para que seja o bode expiatório. Isso seria uma covardia.

Coragem é mais do que bravura. A bravura é o destemor – a ausência do medo. O mais pateta dos homens pode ser bravo por não ter a mentalidade para contemplar o perigo; ele não sabe o suficiente para ter medo.

A coragem, contudo, é aquela firmeza de espírito, aquele suporte moral que, embora contemple por completo o perigo envolvido, não obstante, prossegue com a empreitada. A bravura é física;

a coragem é mental e moral. Você pode estar morto de frio, com as mãos trêmulas, as pernas chacoalhando, os joelhos prontos para ceder – isso é o medo. Se, no entanto, você prosseguir; se, apesar dessa deserção física, continuar a guiar seus homens contra o inimigo, você tem coragem. As manifestações físicas de medo passarão. Talvez você nunca mais as experiencie.

E, por fim, se você aspira à liderança, eu o incitaria a estudar os homens.

Escrutine-os e descubra como são por dentro. Alguns homens são bem diferentes do que parecem ser na superfície. Determine as engrenagens da mente deles.

Muito do sucesso do general Robert E. Lee, enquanto líder, pode ser associado a sua habilidade como psicólogo. Ele conhecia a maioria dos oponentes da época de West Point, conhecia o funcionamento da mente deles e acreditava que eles fariam certas coisas sob certas circunstâncias. Em quase todos os casos, ele foi capaz de antecipar os movimentos deles e bloquear sua execução.

Talvez você não conheça seu oponente desse mesmo jeito. Mas pode conhecer seus homens. Pode testar cada um para determinar onde jaz sua força e sua fraqueza; em qual homem você pode confiar até o último instante, e em qual não pode.

Conheça seus homens, conheça sua atividade, conheça a si mesmo!

A palestra do major Bach poderia facilmente ser apresentada para todo menino e menina que se forma no ensino médio. Poderia também ser apresentada para qualquer aluno de faculdade. Poderia muito bem se tornar o livro de regulamento para todo homem que é alocado em um cargo de liderança, acima de outros homens, em qualquer que seja a vocação, o negócio, a profissão.

Um dos maiores requisitos da liderança é o poder de emitir decisão rápida e firme.

Uma análise de mais de dezesseis mil pessoas revelou que os líderes são sempre homens de decisão rápida, mesmo em questões de menor importância, enquanto o seguidor nunca é uma pessoa de decisão rápida.

Um vendedor da Universidade de Extensão LaSalle abordou um corretor de imóveis, em uma cidadezinha do oeste, com o propósito de tentar vender ao corretor um curso de gestão de vendas e negócios.

Quando o vendedor chegou à sala do estudante, encontrou o cavalheiro datilografando uma carta com o método de dois dedos, em uma máquina de escrever antiquada. O vendedor se apresentou e pôs-se a conduzir seu trabalho e descrever o curso que viera vender.

O corretor escutou tudo com aparente interesse.

Depois que a exposição do negócio foi concluída, o vendedor hesitou, esperando algum sinal de "sim" ou "não" do possível cliente. Achando que talvez não tivesse sido enfático o suficiente na fala, ele percorreu brevemente os méritos do curso que estava vendendo, uma segunda vez. Mas continuou sem resposta do estudante.

O vendedor, então, fez uma pergunta direta: "Você quer fazer o curso, não quer?". Em um tom de voz moroso e desanimado, o corretor respondeu: "Bem, eu mal sei dizer se quero ou não".

Não havia dúvida de que ele falava a verdade, porque era um dos milhões de homens que acham difícil tomar decisões.

Sendo um hábil avaliador da natureza humana, o vendedor levantou-se, colocou o chapéu, guardou a papelada na maleta e preparou-se para ir embora. Foi então que ele recorreu a táticas um tanto drásticas e pegou o corretor de surpresa com a seguinte estonteante declaração:

"Vou tomar a liberdade de dizer-lhe algo de que você não vai gostar, mas que pode ser útil para você. Dê só uma olhada nesta sala em que você trabalha! O piso está sujo; as paredes, empoeiradas; a máquina de escrever que você está usando parece a mesma que Noé usou, na arca, durante a grande inundação; suas calças estão folgadas nos joelhos; o colarinho está sujo; a barba, por fazer, e você tem essa expressão que dá a impressão de que está derrotado.

"Por favor, vá em frente e fique injuriado – é exatamente isso que eu quero que você faça, porque talvez lhe dê uma sacudida e o force a fazer a reflexão que será útil para você e para aqueles que dependem de você. Posso enxergar, na minha imaginação, a casa em que você mora. Um monte de crianças pequenas, nenhuma delas bem-vestida, e talvez nenhuma bem alimentada; a mãe, com um vestido de três estações atrás, cujo olhar entrega a mesma expressão de derrota que o seu entrega. Essa mulher com quem você se casou ficou ao seu lado, mas você não deu tão certo na vida quanto ela esperava quando se casaram.

"Por favor, lembre-se de que não estou falando com um possível aluno, pois eu não venderia o curso para você, neste momento, especificamente, nem mesmo se você oferecesse pagar em dinheiro, e à vista, porque, se eu vendesse, você não teria a iniciativa de concluí-lo, e não queremos fracassados na nossa lista de alunos.

"Isso que estou lhe falando agora talvez torne impossível, para mim, vender-lhe qualquer coisa que seja no futuro, mas vai fazer algo por você que nunca foi feito antes, contanto que o faça pensar.

"Agora, vou dizer-lhe em poucas palavras exatamente por que você está assim derrotado, por que está datilografando cartas em uma máquina de escrever velha, em uma salinha suja, em uma cidadezinha: é porque você não tem o poder de tomar uma decisão! Toda a sua vida você cultivou o hábito de esquivar-se da responsabilidade de tomar decisões, até que chegou ao ponto, agora, em que é quase impossível, para você, fazer isso."

O corretor ficou ali sentado, colado na cadeira, de queixo caído, os olhos esbugalhados de assombro, mas nem tentou responder à afiada acusação.

O vendedor despediu-se e foi para a porta.

Depois que fechou a porta, tornou a abri-la, entrou na sala com um sorriso no rosto, sentou-se em frente ao atônito corretor e explicou sua conduta da seguinte maneira: "Não o culpo, de modo algum, se você ficar magoado com os meus comentários. Na verdade, eu até espero que você tenha ficado ofendido, mas deixe-me dizer uma coisa, de homem para homem – que eu acho que você tem inteligência e tenho certeza de que tem habilidade, mas você caiu em um hábito que o castiga. Nenhuma pessoa é um caso perdido enquanto ainda não morreu. Você pode estar em uma fase difícil, mas pode dar a volta por cima, e eu sou respeitoso o bastante para lhe estender a mão e oferecer um empurrão, isso se você aceitar minhas desculpas pelo que eu disse.

"Esta cidade não é o seu lugar. Você morreria de fome atuando no mercado imobiliário neste lugar, ainda que fosse um líder na área. Arranje umas roupas novas, mesmo que tenha que pegar dinheiro emprestado para tanto, e venha para St. Louis comigo, e eu o apresentarei a um corretor de imóveis que lhe dará a chance de ganhar dinheiro e, ao mesmo tempo, vai lhe ensinar um pouco das coisas mais importantes acerca desse campo de trabalho, em que mais tarde você pode vir a explorar ao máximo.

"Se você não tiver dinheiro suficiente para comprar as roupas de que precisa, eu arranjo tudo para você em uma loja em St. Louis em que tenho uma conta. Estou sendo sincero, e a oferta de ajuda se baseia no mais nobre motivo pelo qual pode agir um ser humano. Eu sou bem-sucedido na minha área, mas nem sempre fui. Passei exatamente pelo que você está passando agora, mas o importante é que eu passei, e essa fase ficou no passado, assim como você também vai passar se seguir o meu conselho.

"Você vem comigo?"

Ele viria a seguir o conselho, mas o faria à sua maneira.

Após marcar uma entrevista, ele se inscreveu no curso de gestão em vendas e negócios, fez o primeiro pagamento em moedas e disse ao vendedor que este ouviria falar dele de novo.

Três anos depois, esse corretor tinha uma organização de sessenta vendedores e uma das mais bem-sucedidas imobiliárias da cidade de St. Louis. O autor deste livro (que era gerente de marketing da Universidade de Extensão LaSalle na época em que ocorreu esse incidente) esteve no escritório desse corretor diversas vezes e o observou ao longo de um período de mais de quinze anos. Ele é um homem completamente diferente da pessoa que foi entrevistada pelo vendedor da LaSalle quinze anos antes, e o fator que causou essa diferença foi o mesmo que fará você mudar: é o poder de tomar decisões, tão essencial à liderança.

Esse corretor é agora um líder no setor de imóveis. Ele tem direcionado os esforços de outros vendedores e os está ajudando a se tornarem mais eficientes. Essa única mudança em sua filosofia transformou a derrota temporária em sucesso. Todo novo vendedor que começa a trabalhar para esse homem é chamado em sua sala antes de ser empregado e ouve a história da transformação dele, palavra após palavra, exatamente como aconteceu quando o vendedor da LaSalle o viu pela primeira vez, em sua salinha feia.

O sucesso, seja lá qual for a concepção que se tem dele, é quase sempre uma questão de quão hábil a pessoa é para fazer os outros se subordinarem a suas individualidades e seguir um líder. O líder que tem personalidade e imaginação para induzir seus seguidores a aceitar seus planos e realizá-los com fervor é sempre um líder capaz.

Vinte qualidades que os líderes do futuro devem ter

1. Domínio completo dos seis medos básicos.
2. Disponibilidade de subordinar interesses pessoais pelo bem de seus seguidores. Domínio total sobre a avareza e a ambição.
3. Propósito único, representado por um programa definido de liderança que se harmonize com as necessidades do momento.
4. Entendimento e aplicação do princípio do MasterMind, por meio do qual se pode obter poder pela coordenação de esforços em um espírito de harmonia.
5. Autoconfiança em sua melhor forma.
6. Habilidade de tomar decisões rapidamente e defendê-las com firmeza.
7. Imaginação suficiente para poder antecipar as necessidades dos novos tempos e criar planos para suprir essas necessidades.
8. Iniciativa em sua melhor forma.
9. Entusiasmo e habilidade de transmiti-lo para seus seguidores.
10. Autocontrole em sua melhor forma.
11. Disponibilidade para fazer mais serviço do que aquele pelo qual uma compensação direta foi recebida.
12. Personalidade agradável, magnética.
13. Habilidade de pensar com exatidão.
14. Habilidade de cooperar com os outros em um espírito de harmonia.
15. Persistência para concentrar pensamentos e esforços em dada tarefa até que esteja completa.
16. Habilidade de refletir em retrospectiva e lucrar com erros e fracassos.
17. Tolerância em sua melhor forma.
18. Temperança em todas as suas formas.

19. Honestidade intencional de propósito e atitude.
20. Por último, mas não menos importante, aderência estrita à Regra de Ouro como base de todos os relacionamentos com os outros.

Todas essas qualidades estão disponíveis para você se aplicar a filosofia da lei do sucesso.

> A iniciativa é uma daquelas qualidades que devem ser desenvolvidas se a pessoa deseja ser bem-sucedida. A iniciativa significa simplesmente que a pessoa executa uma tarefa sem que lhe peçam ou mandem fazer.

– **Don M. Green**

Diretor-executivo, executivo-chefe e curador.

LIÇÃO SEIS

IMAGINAÇÃO

"Você consegue fazer se acreditar que consegue!"

A imaginação é o *workshop* da mente humana, na qual ideias antigas e fatos estabelecidos podem ser reorganizados em novas combinações e colocados em novos usos. O dicionário moderno define a imaginação da seguinte maneira: "O ato do intelecto construtivo de agrupar os materiais de conhecimento e pensamento em sistemas novos, originais e racionais; a faculdade construtiva ou criativa; imaginação poética, artística, filosófica, científica e ética. O poder de visualização da mente; a formação de imagens e figuras mentais, ou representações mentais de objetos e ideias, particularmente objetos da percepção e de raciocínio matemático; também a reprodução e a combinação, usualmente com mais ou menos modificação irracional ou anormal, de imagens e ideias da memória ou fatos lembrados da experiência".

Este capítulo acerca da imaginação poderia ser chamado de "eixo" deste livro, porque todos os outros capítulos levam para este e fazem uso do princípio no qual este se baseia, assim como todos os fios de telefone vão parar na central telefônica, que é sua fonte de energia. Você jamais terá um propósito definido na vida, jamais terá autoconfiança, jamais terá iniciativa e liderança a não ser que antes crie essas qualidades em sua imaginação e se veja em possessão delas.

Como nossa primeira ilustração do poder da imaginação nas realizações dos negócios modernos, tomaremos o caso de Clarence Saunders, que organizou o sistema de hortifrútis Piggly Wiggly.

Saunders era balconista e vendia legumes em uma lojinha do sul do país. Certo dia, estava na fila com uma badeja de alumínio nas mãos, esperando sua vez de pegar comida no refeitório. Ele jamais tinha ganhado mais de US$ 20 por semana antes dessa época, e ninguém nunca tinha notado nada nele que indicasse alguma habilidade incomum, mas aconteceu alguma coisa na mente dele, quando ele estava ali na fila, esperando junto aos demais, que colocou sua imaginação para funcionar. Com a ajuda da imaginação, ele pegou esse conceito de *self-service* do refeitório em que o descobrira (não criou nada de novo, apenas colocou uma ideia antiga para um novo uso) e o levou para a loja de pegue e pague. Em um instante, o plano da rede de lojas de hortifrúti Piggly Wiggly foi criado, e Clarence Saunders, o balconista que ganhava US$ 20 por semana, rapidamente tornou-se o milionário magnata dos legumes da América.

Onde, nessa transação, você vê a menor das indicações de uma realização que você não poderia replicar?

Quando Thomas A. Edison inventou a lâmpada incandescente, ele basicamente reuniu dois princípios antigos e bem conhecidos e os associou em uma nova combinação. O Sr. Edison e praticamente todos os outros que tinham conhecimento acerca da eletricidade sabiam que era possível produzir luz aquecendo-se um fiozinho com eletricidade, mas a dificuldade era fazer isso sem queimar o fio e parti-lo em dois. Em sua pesquisa experimental, o Sr. Edison testou todo tipo concebível de fio, na esperança de encontrar alguma substância que suportasse o calor tremendo a que deveria ser submetido para que se pudesse produzir luz.

Sua invenção estava concluída pela metade, mas não teria valor prático enquanto ele não encontrasse o elo que faltava para completá-la. Após milhares de testes e muita combinação de ideias antigas em sua imaginação, Edison finalmente encontrou esse elo que faltava. Em seu estudo da física, ele aprendera, como todos os outros estudantes desse assunto aprendem, que não pode haver combustão sem a presença de oxigênio. E, claro, ele sabia que a dificuldade com seu aparato de luz elétrica era a falta de um método pelo qual fosse possível controlar o calor. Quando lhe ocorreu que não podia haver combustão onde não houvesse oxigênio, ele posicionou o fiozinho de seu aparato de luz elétrica dentro de um globo de vidro, extraiu dali todo o oxigênio e bingo! – a poderosa luz incandescente era uma realidade.

Quando o sol se pôr hoje à noite, você irá até a parede, apertará um botão e trará o sol de volta – um ato que espantaria as pessoas algumas gerações atrás, e, no entanto, não há mistério algum envolvido nesse ato. Graças ao uso que Edison fez da imaginação, você simplesmente reuniu dois princípios que existiam, ambos, desde o início dos tempos.

Andrew Carnegie era um homem de imaginação. Ele primeiro criou um objetivo definido e depois se cercou de homens que tinham o treinamento, a visão e a capacidade necessários para transformar esse propósito em realidade. Carnegie nem sempre criou planos próprios para a realização de seu objetivo definido. Ele se certificava de saber o que queria, depois encontrava os homens que poderiam criar os planos pelos quais alcançar esse objetivo. E isso não era apenas imaginação, era genialidade da melhor estirpe.

Mas devemos deixar claro que homens do tipo do Sr. Carnegie não são os únicos que podem fazer uso lucrativo da imaginação. Esse grandioso poder está disponível para um novato no mundo dos negócios tanto quanto para o homem que já "chegou lá".

Certa manhã, o carro particular de Charles M. Schwab estava estacionado na pista lateral da fábrica da Bethlehem Steel. Quando saiu do carro, ele foi abordado por um jovem estenógrafo que anunciou que viera para garantir que todas as cartas e os telegramas que o Sr. Schwab viesse a querer escrever seriam prontamente redigidos. Ninguém dissera a esse rapaz que ficasse de prontidão, mas ele tinha imaginação suficiente para enxergar que estar ali não faria mal a suas chances de avançar. Desse dia em diante, esse rapaz ficou "marcado" para receber uma promoção. O Sr. Schwab o marcou para uma promoção, porque ele fizera aquilo que quaisquer dos dez ou mais outros estenógrafos empregados pela Bethlehem Steel poderiam ter feito, mas não fizeram. Hoje, esse mesmo homem é o presidente de um dos maiores fabricantes de medicamentos do mundo e tem tudo aquilo que deseja deste mundo, e muito mais do que precisa.

Alguns anos atrás, recebi uma carta de um jovem rapaz que concluíra, havia pouco tempo, a faculdade de administração e queria arranjar um emprego no meu escritório. Junto da carta, ele enviou uma nota novinha de dez dólares que nunca tinha sido dobrada. A carta dizia o seguinte:

> Acabei de concluir um curso de negócios em uma faculdade de administração de primeira classe, e almejo um cargo no seu escritório, porque compreendo quão valoroso seria para um rapaz que acaba de

> dar entrada na carreira de negócios ter o privilégio de trabalhar sob a direção de um homem como você.
>
> Se a nota de dez dólares anexada for suficiente para pagar pelo tempo que você gastaria dando-me minha primeira semana de instruções, quero que a aceite. Trabalharei o primeiro mês sem receber pagamento, e você pode definir meu salário, depois disso, em qualquer valor que eu demonstre ser digno de ganhar.
>
> Quero esse emprego mais do que qualquer coisa que já quis na vida, e estou disposto a fazer qualquer sacrifício razoável para obtê-lo. Muito cordialmente...

Esse jovem rapaz conseguiu uma chance no meu escritório. Sua imaginação conseguiu, para ele, a oportunidade que ele queria, e, antes de terminado o seu primeiro mês, o presidente de uma empresa de seguros de vida que ouvira falar desse incidente ofereceu ao rapaz um cargo de secretário particular, com um salário considerável. Hoje em dia, ele é agente de uma das maiores companhias de seguro de vida do mundo.

Theodore Roosevelt gravou seu nome nas tábuas do tempo com um único ato durante seu mandato enquanto presidente dos Estados Unidos, e, mesmo depois que tudo mais que ele fez nesse posto tiver sido esquecido, essa transação terá gravado Roosevelt na história como um homem de imaginação.

Foi ele quem deu a partida nas pás a vapor no canal do Panamá.

Todo presidente, de Washington até Roosevelt, poderia ter iniciado o canal, e ele teria sido completado, mas parecia ser uma empreitada tão colossal que requeria não somente imaginação, mas também coragem e ousadia. Roosevelt tinha ambos, e o povo dos Estados Unidos tem, hoje, o canal.

Aos quarenta anos – idade em que o homem costuma começar a pensar que está velho demais para iniciar qualquer coisa nova –, James

J. Hill estava sentado diante do telégrafo, ganhando um salário de US$ 30 por mês. Ele não tinha capital.

Ele não tinha nenhum amigo influente com capital, mas tinha algo que é mais poderoso do que ambos: a imaginação.

Mentalmente, ele viu um grande sistema de ferrovias que penetrariam o noroeste pouco desenvolvido e uniriam os oceanos Atlântico e Pacífico. Tão vívida era sua imaginação que ele fez outros enxergarem as vantagens desse sistema de ferrovias, e, a partir daí, a história passou a ser conhecida até por crianças em idade escolar. Eu enfatizaria a parte da história que a maioria das pessoas nunca menciona – que o sistema de ferrovias Great Northern se tornou realidade na imaginação dele primeiro. A ferrovia foi construída com trilhos de aço e cruzamentos de madeira, da mesma maneira como outras ferrovias foram construídas, e essas coisas foram pagas com o capital que foi garantido basicamente do mesmo modo como o capital usado em todas as ferrovias foi garantido, mas, se você quiser saber a verdadeira história do sucesso de James J. Hill, precisa voltar àquela pequena estação de trem do interior, onde ele trabalhava por US$ 30 por mês, e juntar ali os fiozinhos com os quais ele teceu uma corpulenta ferrovia, com materiais não mais visíveis do que os pensamentos que ele organizara em sua imaginação.

Na cidade de Chicago, o nível de certa alameda foi elevado, o que estragou toda uma fileira de belas residências, porque a calçada fora erguida à altura das janelas do segundo andar. Enquanto os proprietários lamentavam sua falta de sorte, um homem de imaginação apareceu, comprou a propriedade a preço de banana, converteu os apartamentos do segundo andar em apartamentos comerciais e hoje aproveita polpudos rendimentos com os aluguéis.

Enquanto você lê estas linhas, por favor tenha em mente tudo que foi afirmado no começo deste capítulo, principalmente o fato de que a mais importante e mais lucrativa coisa que você pode fazer com a sua imaginação é o ato de rearranjar ideias velhas em novas combinações.

Se você usar sua imaginação adequadamente, ela o ajudará a converter seus fracassos e equívocos em ativos de valor inestimável; ela o levará à descoberta de uma verdade conhecida somente por aqueles que usam a imaginação – a saber, que os maiores reveses e infortúnios da vida costumam sempre abrir a porta para oportunidades de ouro.

Talvez não haja área de atuação na qual a imaginação exerça papel tão importante quanto no setor de vendas. Um mestre em vendas enxerga, em sua imaginação, os méritos dos produtos que vende ou do serviço que está fornecendo, e, caso fracasse em fazer isso, ele não fará a venda.

Alguns anos atrás, foi feita uma venda que dizem ter sido a mais extensa e importante venda de seu tipo já feita na história. O objeto da venda não foi uma mercadoria, mas a liberdade de um homem que estava confinado na penitenciária de Ohio – e o desenvolvimento de um sistema de reforma nas prisões que promete uma mudança abrangente no método como se lida com homens e mulheres desafortunados que acabam emaranhados nas entranhas da lei.

Para que você possa observar como a imaginação exerce o papel principal nas vendas, analisarei essa venda para você, pedindo desculpas por minhas referências pessoais, que não podem ser evitadas sem que se destrua muito do valor da ilustração.

Alguns anos atrás, fui convidado a dar uma palestra para os detentos da penitenciária de Ohio. Quando subi na plataforma, vi, na plateia à minha frente, um homem que eu havia conhecido como um bem-sucedido homem de negócios mais de dez anos antes. Esse homem era B., cujo perdão eu mais tarde obtive, e cuja história de soltura acabou estampada na primeira página de praticamente todos os jornais dos Estados Unidos. Talvez você se lembre dela.

Depois que concluí minha palestra, entrevistei o Sr. B. e descobri que ele havia sido condenado por falsificação a uma pena de vinte anos de reclusão. Assim que ele terminou de me contar sua história, eu disse: "Eu vou tirá-lo daqui em menos de sessenta dias!".

Com um sorriso forçado, ele respondeu: "Eu admiro seu entusiasmo, mas questiono seu juízo. Ora, você não sabia que pelo menos vinte homens influentes já tentaram de tudo que podiam fazer para me soltar, sem sucesso? Não é possível!".

Acredito que tenha sido esse último comentário – não é possível – que me desafiou a mostrar-lhe que era possível, sim. Retornei a Nova York e pedi à minha esposa que arrumasse as malas e se preparasse para uma estadia por tempo indeterminado na cidade de Columbus, onde se localizava a penitenciária de Ohio.

Eu tinha um objetivo definido na cabeça! Esse objetivo era tirar B. da penitenciária de Ohio. Não apenas eu tinha em mente garantir que ele fosse solto, como também pretendia fazê-lo de tal maneira que sua soltura apagaria do peito dele a letra escarlate, símbolo do "condenado", e, ao mesmo tempo, se refletiria em lucro a todos os que ajudassem a alcançar a libertação.

Nem uma vez sequer duvidei de que conseguiria que ele fosse solto, pois nenhum vendedor consegue fazer a venda se duvidar de que consegue fazê-la. Minha esposa e eu retornamos a Columbus e fixamos residência permanente.

No dia seguinte, liguei para o governador de Ohio e declarei o objetivo da minha visita mais ou menos nestas palavras: "Governador, vim pedir-lhe que liberte B. da penitenciária de Ohio. Tenho um motivo justo para requisitar a soltura dele, e espero que você o solte de imediato, mas vim preparado para ficar até que ele seja liberado, não importa quanto tempo isso leve.

"Durante seu aprisionamento, B. inaugurou um sistema de instrução por correspondência na penitenciária de Ohio, como você sabe, é claro. Ele influenciou 1.729 dos 2.518 prisioneiros da penitenciária de Ohio a começar cursos de instrução. Ele conseguiu solicitar livros e materiais para aulas em número suficiente para manter esses homens ocupados com suas lições, e fez isso sem gastar um centavo do estado de Ohio. O diretor e o capelão da penitenciária me contam que ele respeita cuidadosamente o regulamento da prisão. Certamente, um homem que consegue influenciar 1.729 homens a direcionar seus esforços para o desenvolvimento próprio não pode ser um sujeito mau.

"Eu vim pedir-lhe que liberte B. porque quero alocá-lo no topo de uma escola prisional que dará aos 160 mil condenados das outras penitenciárias dos Estados Unidos a chance de lucrar com a influência dele. Estou preparado para assumir responsabilidade total pela conduta dele depois que for libertado.

"Eis a minha proposta, mas, antes que me dê a sua resposta, quero que saiba que não negligencio o fato de que os seus inimigos provavelmente o criticarão se você libertá-lo; na verdade, se você soltá-lo, isso pode custar-lhe muitos votos caso você torne a se candidatar às eleições."

De punho cerrado e com o queixo largo muito retesado, o governador Vic Donahew, de Ohio, disse: "Se é isso que você quer com B., eu o soltarei, ainda que isso me custe cinco mil votos. Contudo, antes de assinar o perdão, quero que você encontre o Conselho de Clemência e obtenha uma recomendação favorável. Quero que obtenha também uma recomendação favorável do diretor e do capelão da penitenciária de Ohio. Você sabe que um governador é submisso à corte da opinião pública, e esses cavalheiros são representantes dessa corte".

A venda tinha sido feita! E toda a transação levara menos de cinco minutos.

No dia seguinte, retornei ao gabinete do governador, acompanhado pelo capelão da penitenciária de Ohio, e notifiquei o governador de que o Conselho de Clemência, o diretor e o capelão haviam todos concordado em recomendar a soltura do condenado. Três dias depois, o perdão foi assinado, e B. cruzou os grandes portões de ferro como um homem livre.

Citei os detalhes para mostrar-lhe que não havia nada de complicado com relação à transação. O alicerce da soltura havia sido todo preparado antes de eu entrar em cena. B. havia feito isso, por sua boa conduta e pelo serviço que prestara àqueles 1.729 prisioneiros. Quando criou o primeiro sistema mundial de escola por correspondência na prisão, ele criou a chave que destrancou os portões da prisão para si mesmo.

Por que, então, os outros que haviam requisitado que ele fosse solto fracassaram em alcançar esse objetivo? Eles fracassaram porque não usaram a imaginação!

Talvez tenham pedido ao governador que soltasse B. com base no fato de que os pais dele eram pessoas proeminentes ou no fato de que ele tinha ensino superior e não era um sujeito ruim. Eles fracassaram em fornecer ao governador de Ohio um motivo suficiente para justificá-lo caso ele garantisse o perdão, pois, não fosse desse jeito, ele teria, sem dúvida, soltado B. muito antes de eu ter entrado em cena e requisitado a liberação.

Antes de ir falar com o governador, percorri todos os fatos e, na minha imaginação, eu me vi no lugar do governador e busquei na minha mente qual tipo de apresentação apelaria com mais força para mim caso eu estivesse, na realidade, no lugar dele.

Quando requisitei que B. fosse solto, o fiz em prol dos 160 mil homens e mulheres desafortunados reclusos nas prisões dos Estados

Unidos, que poderiam beneficiar-se do sistema de escola por correspondência que ele tinha criado. Não disse nada acerca de seus pais proeminentes. Não disse nada sobre a minha amizade com ele, de anos antes. Não disse nada sobre ele ser um rapaz digno. Todos esses pontos poderiam ter sido usados como motivos razoáveis para que ele fosse solto, mas pareciam insignificantes quando comparados ao motivo maior e mais sólido de que sua soltura seria benéfica para outras 160 mil pessoas, que sentiriam a influência de seu sistema de escola por correspondência, depois que ele fosse solto.

Quando o governador de Ohio chegou a uma decisão, não duvido de que B. era de importância secundária no que diz respeito à decisão. O governador, sem dúvida, viu um possível benefício não somente para B., mas também para 160 mil outros homens e mulheres que precisavam da influência que B. poderia fornecer caso fosse libertado.

E isso era a imaginação!

Seja lá qual for o seu projeto de vida, ele demanda o uso da imaginação.

As Cataratas do Niágara não eram nada além de uma grande massa de água ruidosa até que um homem de imaginação as aproveitou e converteu a energia desperdiçada na corrente elétrica que agora faz girar as rodas da indústria. Antes de esse homem de imaginação aparecer, milhões de pessoas viram e ouviram essas águas ruidosas, mas não tiveram imaginação para aproveitá-las.

Se os ventos da sorte estiverem temporariamente soprando contra você, lembre-se de que pode tirar proveito deles e fazer com que eles o carreguem em direção ao seu propósito definido, por meio da sua imaginação. Uma pipa eleva-se com ventos que sopram contra ela – não a favor!

Eu vi a minha esposa fazer uma venda muito perspicaz para o nosso bebê, não muito tempo atrás. O bebê estava batendo na nossa mesa de mogno com uma colher. Quando ela tentou tomar dele a colher, o bebê se recusou a entregá-la, mas, sendo ela uma mulher de imaginação, ofereceu ao bebê um belo pirulito vermelho; ele largou a colher no mesmo instante e centrou sua atenção no objeto mais desejado.

Isso foi imaginação! E também técnica de vendas. Ela conseguiu o que queria sem usar a força.

Um homem que tinha perdido um cavalo anunciou uma recompensa de cinco dólares caso o devolvessem. Muitos dias depois, um garoto que todos pensavam ter "cabeça fraca" apareceu trazendo o cavalo e reivindicou a recompensa. O dono ficou curioso em saber como o menino encontrara o cavalo. "Como lhe ocorreu a ideia de onde procurar o cavalo?", ele perguntou, e o menino respondeu: "Bem, pensei em para onde eu iria se eu fosse um cavalo, e fui para lá, e lá estava ele". Nada mal para um menino de "cabeça fraca". Algumas pessoas que não são acusadas de terem cabeça fraca passam a vida toda sem demonstrar a mesma prova de que têm a imaginação que demonstrou esse menino.

Se você quiser saber o que o outro sujeito vai fazer, use a imaginação, coloque-se no lugar dele e descubra o que você faria. Isso é imaginação.

A imaginação nunca fica tão ativada como quando alguém enfrenta uma emergência que demanda decisão e ação rápida e definida.

É fato muito conhecido que o único jeito de fazer um rapaz ou uma moça mimada se tornarem pessoas úteis é forçá-los a se sustentarem sozinhos. Isso demanda o exercício da imaginação e da decisão, e nenhum dos dois seria usado exceto se por necessidade.

O falecido Dr. Harper, que foi presidente da Universidade de Chicago, foi um dos mais eficientes diretores de faculdade da sua época.

Ele tinha uma inclinação para levantar fundos em grandes quantias. Foi ele quem induziu John D. Rockefeller a contribuir com milhões de dólares em apoio à Universidade de Chicago.

O incidente relatado a seguir servirá para mostrar como o Dr. Harper fez uso da imaginação para levantar dinheiro em grandes somas. Ele precisava de US$ 1 milhão extras para a construção de um novo prédio. Após fazer um inventário dos homens ricos de Chicago a quem ele poderia recorrer para conseguir essa soma considerável, decidiu-se por dois homens, cada qual milionário, e ambos grandes inimigos entre si.

Um desses homens era, na época, o diretor do sistema de bondes de Chicago, a Chicago Street Railway. Tendo escolhido o horário do meio-dia, quando a equipe do escritório e o secretário do homem, em particular, muito provavelmente estariam fora para o almoço, o Dr. Harper entrou casualmente no escritório e, não encontrando ninguém tomando conta da porta, entrou na sala de sua possível "vítima", a quem surpreendeu com sua aparição não anunciada.

"Meu nome é Harper", disse o médico, "e sou presidente da Universidade de Chicago. Perdoe a minha intrusão, mas não encontrei ninguém no escritório adjacente (o que não foi um mero acidente), então tomei a liberdade de entrar.

"Já pensei em você e no seu sistema de bondes muitas e muitas vezes. Você construiu um sistema fenomenal, e compreendo que ganhou um monte de dinheiro com seu empenho. Jamais penso em você, no entanto, sem que me ocorra que, algum dia desses, você pode acabar passando para o lado de lá, e, depois que se for, não restará nenhum monumento em sua recordação, pois outras pessoas tomarão conta do seu dinheiro, e o dinheiro tem a mania de perder a identidade muito rápido assim que troca de mãos.

"Sempre penso em oferecer-lhe a oportunidade de perpetuar o seu nome permitindo que você construa um novo saguão nas dependências da universidade e colocando nele o seu nome. Eu teria lhe oferecido essa oportunidade há muito tempo, não fosse pelo fato de que um dos membros do nosso conselho deseja que a honra vá para o Sr. X (o inimigo do mandachuva dos bondes). Pessoalmente, contudo, sempre preferi você e continuo a preferir, e, se eu tiver a sua permissão para fazer isso, vou tentar puxar a oposição para o seu lado.

"Não vim pedir que você tome uma decisão hoje, no entanto, pois só estava passando e achei que seria um bom momento para entrar e vê-lo. Pense no assunto com calma e, se quiser conversar comigo sobre isso de novo, basta me ligar quando quiser. Bom dia, senhor! Fico contente que tive esta oportunidade de encontrá-lo."

Dito isso, ele fez uma mesura e saiu, sem dar ao chefe da empresa de bondes a chance de dizer sim ou não. Na verdade, o homem dos bondes teve muito pouca chance de falar qualquer coisa. Foi o Dr. Harper quem falou. Era assim que ele tinha planejado tudo. Ele foi até o escritório apenas para plantar a semente, acreditando que ela germinaria e brotaria no tempo certo.

Essa crença tinha fundamento. Ele mal tinha retornado à sua sala na universidade quando o telefone tocou. Era o chefe dos bondes no outro lado da linha. Ele pediu para marcar um horário com o Dr. Harper, o que lhe foi concedido, e os dois se encontraram na sala do Dr. Harper na manhã seguinte, e o cheque de US$ 1 milhão estava nas mãos do médico uma hora depois.

Apesar do fato de que o Dr. Harper era um homem pequeno, de aparência quase insignificante, dizia-se sobre ele que "tinha um jeito que lhe permitia conseguir tudo que buscava".

E quanto a esse "jeito" que todos diziam que ele tinha – o que era?

Era nada mais, nada menos, do que sua grande compreensão do poder da imaginação.

Resta alguma oportunidade, hoje em dia, para o uso da imaginação? Claro – sempre haverá. Eis duas ideias:

Algum inventor que entenda o valor da imaginação e tenha conhecimento do princípio do rádio pode fazer uma fortuna aperfeiçoando um sistema de alarme contra assaltos que mande um sinal para a delegacia de polícia e, ao mesmo tempo, acenda luzes e soe uma sirene no local prestes a ser assaltado, com a ajuda de aparelhos similares ao que se usa atualmente para as transmissões.

O proprietário de um posto de gasolina de beira de estrada pode fazer um uso eficiente da imaginação instalando um quiosque de comida perto do posto e depois dispondo propagandas atraentes ao longo da estrada, em cada direção, chamando a atenção para seu "churrasco", "sanduíches caseiros" ou qualquer outra coisa em que queira se especializar. O quiosque de comida fará os motoristas pararem, e muitos deles comprarão gasolina antes de seguir caminho.

Essas são sugestões simples, que não envolvem muita complicação associada a sua aplicação, no entanto, são exatamente esses tipos de uso da imaginação que trazem sucesso financeiro. A imaginação é essencial ao sucesso, porque, sem ela, não se pode desenvolver um objetivo definido maior.

> Napoleon Hill define a imaginação como a estação de trabalho da mente. Lembre-se de que tudo começa na mente e tudo que vemos começou primeiro com um pensamento.
>
> **– Don M. Green**
> Diretor-executivo, executivo-chefe e curador.

LIÇÃO SETE

ENTUSIASMO

"Você consegue fazer se acreditar que consegue!"

O entusiasmo é um estado de espírito que inspira e atiça alguém para injetar ação na tarefa que tem em mãos. Ele faz mais do que isso – é contagioso, e afeta de modo vital não somente o entusiasta, mas também todos com quem ele entra em contato.

O entusiasmo tem a mesma relação com um ser humano que o vapor tem com a locomotiva – é a força propulsora vital que impele a ação. Os maiores líderes são homens que sabem como inspirar entusiasmo em seus seguidores.

Como o entusiasmo o afetará

Misture o entusiasmo ao seu trabalho, e ele não parecerá difícil ou monótono. O entusiasmo energizará tanto todo o seu corpo que você poderá funcionar com menos do que a metade da quantidade usual de sono, e ao mesmo tempo ele lhe permitirá desempenhar de duas a três vezes mais trabalho do que você costuma desempenhar no mesmo período, sem cansaço.

Por muitos anos, fiz boa parte da minha escrita à noite. Certa noite, enquanto eu trabalhava com entusiasmo na minha máquina de escrever, olhei pela janela da minha sala, por sobre a praça em frente à Metropolitan Tower, em Nova York, e vi o que parecia ser o mais peculiar reflexo da lua na torre. Ela tinha um matiz cinza, prateado, algo que eu nunca tinha visto. Sob inspeção mais atenta, descobri que o reflexo era do sol da manhã, bem cedinho, e não da lua. Era a luz do sol! Eu tinha trabalhado a noite toda, mas estava tão concentrado no trabalho que a noite tinha passado como se tivesse passado apenas uma hora. Trabalhei nas minhas atividades esse dia inteiro e toda a noite seguinte sem parar, exceto para comer uma porçãozinha de comida leve.

Duas noites e um dia sem dormir, e com pouca comida, sem o menor indício de cansaço; isso não teria sido possível se eu não tivesse mantido meu corpo energizado pelo entusiasmo acerca do trabalho que tinha em mãos.

O entusiasmo é não apenas uma figura de linguagem; é também uma força vital que você pode aproveitar e dela tirar lucro. Sem ele, você seria como uma bateria elétrica sem eletricidade.

O entusiasmo é a força vital com a qual você recarrega o corpo e desenvolve uma personalidade dinâmica. Algumas pessoas são abençoadas com um entusiasmo natural, enquanto outras precisam adquiri-lo. O procedimento por meio do qual ele pode ser desenvolvido é simples. Começa por fazer o trabalho ou prestar o serviço de que a pessoa mais gosta. Se a sua situação não lhe permite engajar-se adequadamente no trabalho de que você mais gosta, por ora, você pode proceder por outra linha muito efetivamente adotando um objetivo principal definido que contemple que você se engajará nesse trabalho específico em algum momento no futuro.

A felicidade, o objetivo final de todo empenho humano, é um estado de espírito que pode ser mantido somente por meio da esperança do que se alcançará no futuro. A felicidade encontra-se sempre no futuro, nunca no passado. A pessoa feliz é aquela que sonha com realizações incríveis que estão ainda por ser alcançadas. A casa que você pretende ter, o dinheiro que pretende ganhar e colocar no banco, a viagem que pretende fazer quando puder pagar, o cargo que pretende ocupar quando tiver se preparado para tanto, e a preparação em si – essas são as coisas que produzem felicidade. Igualmente, esses são os materiais dos quais seu objetivo principal definido é formado; essas são as coisas com as quais você pode ficar entusiasmado, seja lá qual for a sua situação atual na vida.

Mais de vinte anos atrás, fiquei entusiasmado com uma ideia. Quando a ideia tomou forma na minha mente pela primeira vez, eu estava despreparado até para dar o primeiro passo na direção de transformá-la em realidade. Mas eu a aninhei na mente – fiquei entusiasmado com ela ao olhar para a frente, na minha imaginação, e enxerguei o momento em que eu estaria preparado para fazer dela uma realidade.

A ideia era esta: eu queria ser editor de uma revista baseada na Regra de Ouro, por meio da qual eu poderia inspirar as pessoas a continuar corajosas e a lidar umas com as outras diretamente.

Finalmente veio a minha chance! No Dia do Armistício, em 1918, escrevi o editorial do que viria a ser a realização material de uma esperança que eu deixara dormindo na mente por um bom tanto de anos.

Com entusiasmo, depositei nesse editorial as emoções que eu vinha desenvolvendo no coração ao longo de um período de mais de vinte anos. Meu sonho se tornara realidade. O sonho de ser editor de uma revista nacional se tornara realidade.

Como afirmei, esse editorial foi escrito com entusiasmo. Eu o levei para um conhecido meu e, com entusiasmo, li o texto para ele. O editorial terminava com estas palavras: "Finalmente, meu sonho de vinte anos está prestes a se realizar. É preciso dinheiro, e bastante, para publicar uma revista nacional, e não tenho a menor ideia sobre de onde vou tirar esse fator essencial, mas isso não está me preocupando nem um pouco, porque sei que conseguirei o dinheiro em algum lugar!". Ao escrever essas linhas, misturei nelas entusiasmo e fé.

Eu mal tinha terminado de ler esse editorial quando o homem para quem eu lia – a primeira e única pessoa para quem eu o tinha mostrado – disse: "Eu sei onde você vai conseguir o dinheiro, porque eu mesmo vou lhe dar". E foi o que ele fez.

Sim, o entusiasmo é uma força vital, tão vital, na verdade, que nenhum homem que o tenha bem desenvolvido poderia nem ao menos começar a calcular seu poder de realização.

Como o seu entusiasmo afetará os outros

Chegamos, agora, à discussão de um dos mais importantes assuntos deste livro: a saber, a sugestão.

A sugestão é o princípio pelo qual suas palavras e seus atos, e até seu estado de espírito, influenciarão os outros.

Quando você tem entusiasmo com relação aos produtos que está vendendo ou os serviços que está oferecendo ou a palestra que está fazendo, seu estado de espírito fica óbvio para todos que estão ouvindo, pelo tom da sua voz. Se algum dia você já pensou nisso desse jeito ou não, é o tom com o qual você faz uma afirmação, mais do que a afirmação em si, que conduz à convicção ou fracassa em convencer. Nenhuma simples combinação de palavras poderia jamais tomar o lugar de uma crença profunda em uma afirmação que é expressa com entusiasmo ardente. As palavras não passam de sons desvitalizados, a não ser que sejam coloridas pelo sentimento que nasce do entusiasmo.

Aquilo que você diz é um fator importante na operação do princípio de sugestão, mas nem um pouco tão importante quanto aquilo que você faz. Seus atos contarão mais do que suas palavras, e você se dará mal se os dois não conseguirem se harmonizar.

Seus pensamentos constituem a mais importante das ferramentas com que você aplica o princípio da sugestão, pelo motivo de que eles controlam o tom das suas palavras e, pelo menos até certo ponto, suas atitudes. Se os seus pensamentos, as suas atitudes e as suas palavras se harmonizam, você pode ter certeza de que vai influenciar aqueles com quem você entrar em contato na direção do seu modo de pensar.

Alguns anos atrás, escrevi um livro intitulado *Quem vende enriquece*. Pouco antes de o manuscrito ir para a editora, ocorreu-me pedir a alguns dos homens mais famosos dos Estados Unidos que escrevessem cartas de recomendação para serem publicadas no livro. A gráfica estava aguardando o manuscrito; por isso, escrevi às pressas uma carta para umas oito ou dez pessoas, na qual delineei brevemente o que eu queria, mas a carta não gerou resposta alguma. Eu havia falhado em observar dois importantes pré-requisitos para o sucesso: escrevi a carta com tanta pressa que não consegui injetar o espírito de entusiasmo nela, e negligenciei tanto ao escrever a carta que ela teve o efeito de neutralizar as mentes daqueles para quem foi enviada; portanto, não pavimentei o caminho para a aplicação do princípio da sugestão.

Depois que descobri o meu erro, então escrevi uma carta baseada na aplicação estrita do princípio da sugestão, e essa carta não somente gerou respostas de todos para os quais foi enviada, como também muitas das respostas eram obras-primas e serviram, muito além das minhas maiores esperanças, como suplementos valiosos para o livro. À guisa de comparação, para mostrar a vocês como o princípio da sugestão pode ser usado ao escrever uma carta e o papel importante que o entusiasmo exerce em dar à palavra escrita seu "corpo", as duas cartas foram aqui reproduzidas. Não será preciso indicar qual das duas fracassou, pois ficará muito claro:

Caro Sr. Ford,

Estou prestes a concluir o manuscrito de um novo livro intitulado *Quem vende enriquece*. Antevejo a venda de muitas centenas de milhares de cópias desse livro, e acredito que as pessoas que o comprarem apreciariam a oportunidade de receber uma mensagem sua com relação ao melhor método de divulgar serviços pessoais.

Você poderia, portanto, fazer a gentileza de me ceder alguns minutos do seu tempo e escrever uma breve mensagem para ser publicada no meu livro? Esse será um grande favor que fará a mim, pessoalmente, e sei que seria apreciado pelos leitores do livro.

Agradeço desde já por qualquer consideração que você possa conceder a mim.

Atenciosamente,

– **Hon. Thomas R. Marshall,**
Vice-presidente dos Estados Unidos, Washington, D.C.

Caro Sr. Marshall,

Você gostaria de aproveitar a oportunidade de mandar uma mensagem de encorajamento, e possivelmente de aconselhamento, para centenas de milhares de homens que não conseguiram deixar sua marca no mundo com tanto sucesso quanto você fez?

Acabo de concluir o manuscrito de um livro a ser intitulado *Quem vende enriquece*. O ponto principal que trabalho no livro é que o serviço prestado é a causa, e o envelope de pagamento é o efeito, e que o último varia em proporção à eficiência do primeiro.

O livro ficaria incompleto sem alguns conselhos de alguns dos homens que, como você, vieram de baixo e alcançaram posições invejáveis no mundo. Portanto, se você puder me escrever sobre suas visões acerca dos pontos mais essenciais a se ter em mente para aqueles que estão oferecendo serviços pessoais, passarei sua mensagem adiante por meio do meu livro, o que garantirá que ela será recebida onde fará um bem incalculável para uma classe de pessoas honestas que estão batalhando para encontrar seu lugar no mundo do trabalho.

Sei que você é um homem ocupado, Sr. Marshall, mas por favor lembre-se de que, ao simplesmente chamar seu secretário e ditar uma carta breve, você estará passando adiante uma mensagem importante para possivelmente meio milhão de pessoas. Em dinheiro, isso não lhe pagará o selo de dois centavos que você colocará na carta, mas, se estimado do ponto de vista do bem que pode fazer àqueles que são menos afortunados que você, pode significar a diferença entre o sucesso e o fracasso para muitas pessoas de valor que lerão a sua mensagem, acreditarão nela e serão por ela guiadas.

Cordialmente,

– Henry Ford

Agora, vamos analisar as duas cartas e descobrir por que uma falhou em sua missão, enquanto a outra foi bem-sucedida. Essa análise deveria começar com um dos mais importantes fundamentos da arte das vendas, a saber: o motivo. Na primeira carta, fica claro que o motivo é inteiramente algo de interesse pessoal. A carta declara exatamente aquilo que se deseja, mas o palavreado deixa em dúvida a razão pela qual o pedido foi feito ou a quem ele pretende beneficiar. Estude a frase do segundo parágrafo: "Este será um grande favor que fará a mim, pessoalmente". Pode até parecer um traço peculiar, mas o fato é que a maioria das pessoas não sai por aí fazendo favores para agradar aos outros. Se eu lhe pedir que me preste um serviço que me beneficiará, sem lhe trazer alguma vantagem correspondente, você não terá muito entusiasmo em fazer esse favor; você poderá recusar, de todo, se tiver uma desculpa plausível para a recusa. Porém, se eu lhe pedir que preste um serviço que beneficiará terceiros, ainda que o serviço tenha de ser prestado por meu intermédio, e se esse serviço for de tal natureza que provavelmente renderá créditos para você, é muito maior a chance de que você preste o serviço de bom grado.

Mas a sugestão mais prejudicial de todas está contida no último e mais importante parágrafo da carta, "Agradeço desde já por qualquer consideração que você possa conceder a mim". Essa frase sugere com veemência que quem escreveu a carta já antecipa que seu pedido será recusado. Ela indica claramente uma falta de entusiasmo. Ela pavimenta o caminho em direção à recusa do pedido. Não há uma palavra que seja, em toda a carta, que coloque na mente do homem ao qual ela foi enviada um motivo satisfatório pelo qual ele deveria aquiescer ao pedido. Por outro lado, ele pode ver claramente que o objetivo da carta é obter uma mensagem de recomendação que ajudará a vender o livro. O argumento de venda mais importante – na verdade, o único argumento de venda disponível em conexão com o pedido dele – foi perdido, porque não foi evidenciado e estabelecido com o motivo verdadeiro pelo qual ele fez o pedido. Esse argumento foi mencionado vagamente na seguinte frase: "Acredito que as pessoas que o comprarem apreciariam a oportunidade de receber uma mensagem sua com relação ao melhor método de divulgar serviços pessoais".

O parágrafo que abre a carta viola um fundamento importante da arte de vender, porque sugere claramente que o objetivo da carta é ganhar alguma vantagem para quem escreveu, e nem ao menos sinaliza para uma vantagem correspondente que possa resultar para a pessoa a quem a carta foi enviada. Em vez de neutralizar a mente de quem recebeu a carta, como deveria fazer, ela teve justamente o efeito oposto; ela o faz fechar sua mente para todo e qualquer argumento que venha a seguir; ela o coloca em um modo de raciocínio que facilita para ele dizer não.

A ciência já estabeleceu o fato de que, pelo uso negativo da sugestão, a vida pode ser extinta.

Na cidadezinha em que fui criado, morava uma senhora idosa que reclamava o tempo todo do medo de morrer de câncer. Durante a infância, ela vira uma mulher que tivera câncer, e a imagem fixara-se de tal maneira em sua mente que ela começou a procurar os sintomas do câncer no próprio corpo. Ela tinha certeza de que cada dorzinha era o começo de seu tão procurado sintoma de câncer. Eu a vi pôr a mão no peito e exclamar: "Oh, eu tenho certeza de que tenho um câncer crescendo aqui. Posso sentir". Quando reclamava dessa doença imaginária, ela sempre colocava a mão no lado esquerdo do peito, onde acreditava que o câncer a estava atacando.

Por mais de vinte anos ela fez isso.

Algumas semanas atrás, ela morreu – de um câncer no seio esquerdo! Se a sugestão pode, de fato, transformar células saudáveis do corpo nos parasitas dos quais o câncer se desenvolve, imagine o que ela pode fazer destruindo germes que causam doenças, se adequadamente direcionada?

A mente humana é uma máquina maravilhosa!

Uma de suas características mais incríveis se nota no fato de que todas as impressões que a ela chegam são registradas juntas, em grupos harmonizados em natureza. As impressões negativas são estocadas, todas, em uma porção do cérebro, enquanto as impressões positivas são estocadas em outra parte. Quando uma dessas impressões (ou experiências passadas) é convocada para a mente consciente, pelo princípio da memória, existe a tendência de que, junto dela, sejam relembradas todas as outras de natureza similar, tanto quanto erguer um elo de uma corrente eleva todos os outros elos também. Por exemplo, qualquer coisa que faça uma sensação de dúvida surgir na mente de uma pessoa é suficiente para trazer todas as suas experiências que a fizeram ficar em dúvida. Se um estranho pede a um homem que deposite um cheque, imediatamente este se recordará de ter depositado cheques que não tinham saldo, ou de ter ouvido falar de outras pessoas a quem isso aconteceu. Pela lei da associação, todas as emoções, experiências e impressões similares que chegam à mente são arquivadas juntas, de modo que retomar uma tem a tendência de trazer à memória todas as outras.

Esse princípio se aplica a – e controla – toda impressão que é alojada na mente humana. Tome a sensação de medo, por exemplo: no momento em que permitimos que uma única emoção que é relacionada ao medo alcance a mente consciente, ela traz consigo todos os seus parentes desagradáveis. Uma sensação de coragem não consegue reivindicar a atenção da mente consciente enquanto existe uma sensação de medo ali. Uma ou outra deve dominar. Elas são péssimas colegas de quarto, porque não são harmônicas em natureza. Os iguais se atraem. Cada pensamento que aparece na mente consciente tende a atrair para si outros pensamentos de natureza similar. Veja, portanto, que esses sentimentos, pensamentos e emoções que se originam de experiências passadas, que tomam a atenção da mente consciente, são sustentados por um exército regular de soldados de apoio de natureza similar, que estão sempre prontos para ajudá-los em seu trabalho.

Você será, agora, instruído acerca de como deverá proceder para desenvolver o entusiasmo, caso não tenha ainda essa rara qualidade.

As instruções serão simples, mas será uma pena se você não lhes der valor por causa disso.

Primeiro, conclua os capítulos que faltam deste livro, pois outras instruções importantes, que devem ser coordenadas com esta, serão encontradas nos capítulos subsequentes.

Segundo, caso você ainda não tenha feito isso, escreva seu objetivo principal definido em linguagem clara e simples, e em seguida escreva o plano por meio do qual você pretende transformar seu objetivo em realidade.

Terceiro, leia a descrição do seu objetivo principal definido toda noite, antes de se deitar, e, quando ler, veja a si mesmo (na sua imaginação) em posse total do seu objetivo. Faça isso com fé total na sua capacidade de transformar seu objetivo principal definido em realidade. Leia em voz alta, com todo o entusiasmo que você tem, enfatizando cada palavra. Repita essa leitura até que a sua voz interior lhe diga que o seu propósito será realizado. Algumas vezes, você sentirá os efeitos dessa voz interior na primeira vez que ler seu objetivo principal definido; em outras, talvez você precise ler umas dez ou quinze vezes antes de sentir a segurança chegando, mas não pare enquanto não sentir.

Billy Sunday é o evangelista mais bem-sucedido que este país já viu. Com o intuito de estudar sua técnica e conferir seus métodos psicológicos, o autor deste livro acompanhou três campanhas do reverendo Sunday.

O sucesso dele se baseia em grande parte em uma palavra – entusiasmo!

Fazendo uso eficiente da lei da sugestão, Billy Sunday transmite seu espírito de entusiasmo às mentes dos seus seguidores, e eles acabam influenciados por ele. Ele vende seus sermões usando exatamente o mesmo tipo de estratégia empregada por muitos mestres das vendas.

O entusiasmo é tão essencial para o vendedor quanto a água para o pato!

Todos os gerentes de vendas de sucesso entendem a psicologia do entusiasmo e fazem uso dela, de várias maneiras, como meio prático de ajudar seus agentes a fazer ainda mais vendas.

Durante sua administração como gerente de vendas da National Cash Register, Hugh Chalmers (que mais tarde ficou famoso na indústria de carros) enfrentou uma situação das mais embaraçosas, que ameaçou tirá-lo do emprego, bem como os milhares de vendedores sob sua direção.

A empresa enfrentava dificuldades financeiras. O fato passou ao conhecimento dos vendedores em campo, e o efeito disso foi que eles começaram a perder o entusiasmo. As vendas começaram a vacilar até que, finalmente, a situação ficou tão alarmante que foi convocada uma reunião geral do setor de vendas, a ser realizada na fábrica da empresa em Dayton, Ohio. Os vendedores foram convocados de todo o país.

O Sr. Chalmers presidiu a reunião. Ele começou pedindo a vários dos seus melhores vendedores que ficassem de pé e dissessem o que estava errado nos locais em que os pedidos haviam diminuído. Um por um, eles se levantaram, conforme eram chamados, e cada um tinha uma história de pesar mais terrível que a outra para revelar. As condições dos negócios estavam ruins, o dinheiro era pouco, as pessoas estavam evitando fazer compras até que passasse a eleição presidencial, e muito mais. Quando o quinto vendedor começou a enumerar as dificuldades que o impediram de alcançar sua cota usual de vendas, o Sr. Chalmers pulou para cima de uma mesa, ergueu as mãos, pedindo silêncio, e disse: "Parem! Eu ordeno que esta convenção faça um recesso de dez minutos, para que alguém engraxe os meus sapatos".

Depois se dirigiu a um garotinho que estava sentado ali perto e ordenou que trouxesse os utensílios de engraxar e que engraxasse os sapatos dele, bem ali onde ele estava, em cima da mesa.

Os vendedores, na plateia, ficaram atônitos! Alguns chegaram a pensar que o Sr. Chalmers tinha subitamente perdido a cabeça. Começaram a sussurrar entre si. Enquanto isso, o menino engraxou primeiro um, depois o outro sapato, demorando-se bastante, fazendo um trabalho de primeira classe.

Assim que o serviço foi concluído, o Sr. Chalmers entregou uma moeda ao menino e prosseguiu com o discurso: "Quero que cada um de vocês", disse ele, "dê uma boa olhada nesse menino. Ele tem a concessão para engraxar sapatos por todas as nossas fábricas e escritórios. Seu predecessor era um menino consideravelmente mais velho que ele e, apesar do fato de que a empresa o subsidiava com um salário de US$ 5 por semana, não conseguia ganhar a vida nesta fábrica, onde milhares de pessoas estão empregadas.

"Este menino não somente ganha um bom dinheiro, sem subsídio algum da empresa, como também está economizando seus ganhos toda semana, trabalhando sob as mesmas condições, na mesma fábrica, para as mesmas pessoas.

"Agora eu queria lhes fazer uma pergunta: de quem era a culpa quando o menino não conseguia fazer mais negócios? Era culpa dele ou era culpa dos clientes?"

Em um poderoso rugido da plateia, veio a resposta: "Foi culpa do menino, é lógico!".

"Justamente", respondeu Chalmers, "e agora quero dizer-lhes uma coisa: vocês estão vendendo caixas registradoras no mesmo território, para as mesmas pessoas, com exatamente as mesmas condições de negócio existentes um ano atrás, mas não estão produzindo o mesmo que produziam antes. De quem é a culpa disso? É de vocês ou dos clientes?"

E, mais uma vez, a resposta veio em um rugido: "É nossa culpa, claro!".

"Fico contente por vocês serem francos e reconhecerem sua culpa", continuou Chalmers, "e agora gostaria de lhes dizer qual é o seu problema: vocês ouviram os rumores de que esta empresa está com problemas financeiros e isso matou o seu entusiasmo, e vocês não estão mais fazendo o mesmo esforço que faziam antes. Se retornarem aos seus territórios com a promessa definida de mandar cinco ordens, cada um, durante os próximos trinta dias, esta empresa não mais terá dificuldades financeiras, pois esses negócios adicionais resolverão o problema. Posso contar com vocês?"

Eles disseram que sim, e foi o que fizeram!

Esse incidente entrou para a história da National Cash Register sob o nome de "A Engraxada Milionária de Hugh Chalmers", pois dizem que ele virou a maré dos negócios da empresa e valeu milhões de dólares.

O entusiasmo não é derrotado jamais! O gerente de vendas que sabe como distribuir um exército de vendedores entusiasmados pode colocar o preço que quiser nos seus serviços e, o que é mais importante ainda, pode aumentar a capacidade de obter ganhos de todas as pessoas sob sua direção; portanto, seu entusiasmo beneficia não somente a ele, mas também centenas, talvez, de outros.

"PESSOAS BEM-SUCEDIDAS DESCOBREM JEITOS E MANEIRAS QUE ACREDITAM SER OS QUE MAIS SE ADÉQUAM A SUAS NECESSIDADES PARA PRODUZIR OS ESTÍMULOS QUE AS FAZEM ELEVAR-SE ÀS MAIORES ALTURAS EM SEUS EMPREENDIMENTOS."

Um dos mais bem-sucedidos escritores do mundo emprega uma orquestra de jovens muito bem-vestidas que tocam música para ele enquanto ele escreve. Sentado em uma sala que foi artisticamente decorada segundo o gosto dele, sob luzes que foram coloridas, matizadas e atenuadas, essas jovens belas, adornadas com os mais belos vestidos de festa, tocam a música favorita dele. Nas palavras dele: "Eu fico embriagado de entusiasmo sob a influência desse ambiente, e alcanço alturas a que jamais chego ou sinto em outras ocasiões. É então que faço o meu trabalho. Os pensamentos jorram sobre mim como se fossem ditados por um poder que não se pode ver nem conhecer".

Esse autor obtém muito da sua inspiração da música e da arte. Uma vez por semana, ele passa pelo menos uma hora em um museu de arte, admirando o trabalho dos mestres. Nessas ocasiões, usando mais uma vez as palavras dele: "Consigo entusiasmo suficiente, de uma visita de uma hora ao museu de arte, para me levar por dois dias".

Henry Ford (pelo que acredita este autor, que admite que isso é apenas a sua opinião) deu seu verdadeiro pontapé inicial como resultado de seu amor por sua charmosa companheira. Foi ela quem o inspirou, fez com que ele desenvolvesse fé em si mesmo e o manteve animado para que prosseguisse mesmo diante de adversidades que teriam derrubado uma dezena de homens comuns.

Esses incidentes são citados como evidência de que homens de realizações marcantes descobriram, por acidente ou planejamento, jeitos e maneiras de estimular-se em direção a um estado intenso de entusiasmo.

Agora você está pronto para o capítulo sobre autocontrole. Ele descreve a lei que serve como eixo de equilíbrio de toda esta filosofia.

> Walter Chrysler nos ensinou que tudo que é grandioso sempre foi conquistado com entusiasmo. O entusiasmo é simplesmente um estado de espírito em que a pessoa fica empolgada e apaixonada pela tarefa.

– Don M. Green
Diretor-executivo, executivo-chefe e curador.

LIÇÃO OITO

AUTOCONTROLE

"Você consegue fazer se acreditar que consegue!"

No capítulo anterior, você aprendeu o valor do entusiasmo. Também aprendeu a gerar o entusiasmo e a transmitir a influência dele para os outros, por meio do princípio de sugestão.

Você chegou agora ao estudo do autocontrole, por meio do qual poderá direcionar seu entusiasmo para fins construtivos. Sem autocontrole, o entusiasmo é como o relâmpago não aproveitado de uma tempestade elétrica – ele pode cair em qualquer lugar; pode destruir vidas e propriedades.

O entusiasmo é a qualidade vital que o incita a agir, enquanto o autocontrole é o eixo de equilíbrio que direciona o seu agir, para que ele se intensifique sem derrubar você.

Para ser uma pessoa "bem equilibrada", você precisa ser uma pessoa em quem o entusiasmo e o autocontrole estão equalizados. Uma pesquisa que acabo de completar com 160 mil detentos adultos das penitenciárias dos Estados Unidos revela de forma marcante que 92% desses homens e mulheres desafortunados estão na prisão porque não tinham o autocontrole necessário para direcionar suas energias de modo construtivo.

Estude os registros daqueles a quem o mundo chama de maiorais e observe que cada um deles tem esta qualidade, a do autocontrole.

Por exemplo, estude as características de nosso imortal Lincoln. Em meio a seus momentos mais difíceis, ele exerceu paciência, postura e autocontrole. Essas eram algumas das qualidades que fizeram dele o grande homem que ele foi. Ele encontrou deslealdade em alguns dos membros de seu gabinete; contudo, porque essa deslealdade foi direcionada a ele pessoalmente, e porque aqueles em quem ele a encontrou tinham qualidades que os tornavam valorosos para o país, Lincoln exerceu autocontrole e pôs de lado essas qualidades questionáveis.

Quantas pessoas você conhece que têm autocontrole que se equipare a esse?

Durante o início da carreira na vida pública, descobri o caos que a falta de autocontrole estava causando na minha vida, e essa descoberta se deu por meio de um incidente dos mais comuns (creio não ser inoportuno fazer uma pequena digressão aqui afirmando que a maioria das grandes verdades da vida aparece entrelaçada aos eventos mais comuns e casuais do dia a dia).

Essa descoberta me ensinou uma das mais importantes lições que já aprendi. Aconteceu assim: um dia, no edifício no qual eu tinha o meu escritório, o zelador e eu tivemos um mal-entendido. Isso acabou na mais violenta forma de aversão mútua entre nós. Como modo de demonstrar o desprezo que tinha por mim, o zelador desligava as luzes elétricas do prédio quando sabia que eu estava lá, sozinho, trabalhando na minha sala. Isso ocorreu em diversas ocasiões, até que finalmente resolvi "dar o troco". Minha oportunidade chegou em um domingo, quando vim à minha sala preparar um discurso que eu tinha de pronunciar na noite seguinte. Eu mal tinha me sentado à mesa quando lá se foram as luzes.

Fiquei de pé em um pulo e corri para o porão do edifício, onde eu sabia que encontraria o zelador. Quando cheguei, encontrei-o extremamente ocupado, metendo carvão na fornalha, assoviando como se nada de incomum tivesse acontecido.

Sem cerimônia, fui para cima dele, e por cinco minutos lancei nele adjetivos mais quentes do que o fogo que ele estava alimentando. Finalmente, fiquei sem palavras e tive de me acalmar. Então o homem se endireitou, olhou para trás, por cima do ombro, e em um tom de voz calmo e macio, cheio de pose e autocontrole, e com um sorriso no rosto que ia de uma orelha à outra, ele disse: "Ora, vocês estão todos um pouco empolgados demais esta manhã, não?". O comentário cortou fundo, como se fosse um estilete!

Imagine o que eu senti parado ali, diante de um homem iletrado que não sabia ler nem escrever, mas que, apesar dessa desvantagem, derrotara-me em um duelo que fora travado no campo – e com a arma – da minha escolha.

Minha consciência apontou um dedo para mim, acusando-me. Eu sabia que não somente havia sido derrotado, mas também, pior ainda, que tinha sido o agressor e aquele que estava errado, o que serviu apenas para intensificar minha humilhação.

Não somente a minha consciência apontou o dedo para mim, acusando-me, como também colocou umas ideias bem embaraçosas na minha mente; ela zombou de mim e me provocou. Lá estava eu, um orgulhoso estudante de psicologia avançada, um expoente da filosofia da Regra de Ouro, que tinha um mínimo de conhecimento das obras de Shakespeare, Sócrates, Platão, Emerson e da Bíblia; enquanto diante de mim havia um homem que não sabia nada de literatura ou de filosofia, mas que tinha, apesar dessa falta de conhecimento, me derrotado na batalha das palavras.

Dei a volta e retornei ao meu escritório o mais rápido que pude. Não havia mais nada que eu pudesse fazer. Assim que comecei a pensar no ocorrido, vi o meu erro, mas, dada a minha natureza, fiquei relutante em fazer aquilo que sabia que devia ser feito para corrigir o que estava errado. Eu sabia que teria de me desculpar com o homem para somente então ficar em paz de espírito comigo mesmo, mais ainda do que com ele. Finalmente, tomei a decisão de voltar ao porão e sofrer essa humilhação que eu sabia que teria de suportar. A decisão não foi tão facilmente tomada, mas a tomei rapidamente.

Comecei a descer, mas caminhava mais lentamente do que quando havia feito a primeira viagem. Estava tentando pensar em como faria a segunda abordagem para sofrer a menor humilhação possível.

Quando cheguei ao porão, chamei o zelador e pedi que viesse até a porta. Em um tom de voz calmo e bondoso, ele perguntou: "O que você quer desta vez?".

Informei a ele que tinha voltado para me desculpar pelo erro que havia cometido, caso ele me permitisse fazer isso. Novamente, o sorriso espalhou-se por todo o rosto dele, e ele disse: "Pelo amor de Deus, você não tem que pedir desculpas. Ninguém o ouviu, exceto essas quatro paredes, e você e eu. Não vou contar a ninguém, e sei que você não vai contar a ninguém, então apenas esqueça".

E esse comentário doeu mais do que o primeiro, pois ele não somente expressara a disposição de me perdoar, mas também de fato indicara a disposição de me ajudar a encobrir o incidente, para que ninguém mais soubesse e eu acabasse sendo prejudicado.

Fiquei tão comovido que me aproximei dele e tomei sua mão. Cumprimentei o homem não somente com a minha mão – mas também com o meu coração – e, ao retornar para o escritório, senti-me bem por ter conjurado a coragem com a qual corrigi o erro que eu tinha cometido.

Esse não é o fim da história. É apenas o começo. Depois desse incidente, tomei a resolução de nunca mais me colocar em uma posição em que outro homem, fosse ele um zelador iletrado, fosse um homem instruído, pudesse me humilhar por eu ter perdido o autocontrole.

Seguindo essa resolução, uma mudança considerável começou a ocorrer em mim. Minha escrita começou a ganhar mais energia. As palavras que eu dizia começaram a ter mais peso. Comecei a fazer mais amigos, e menos inimigos, entre as pessoas que eu conhecia. O incidente marcou um dos pontos de virada mais importantes da minha vida. Ensinei a mim mesmo que nenhum homem pode controlar os outros se não controlar a si mesmo. Isso me deu uma compreensão clara da filosofia por trás dos seguintes dizeres: "Aquele a quem os deuses querem destruir, primeiro fazem enlouquecer".

Esse incidente colocou nas minhas mãos a chave de um armazém de conhecimento que é esclarecedor e útil em tudo que faço, e, mais tarde, na vida, quando inimigos tentaram me destruir, ele me deu uma arma poderosa de defesa que nunca me abandonou.

Certa vez, eu viajava da Albânia para Nova York. No caminho, alguns cavalheiros começaram uma conversa sobre o falecido Richard Croker, que era, na época, chefe do Tammany Hall. A discussão ficou acalorada e séria. Todos ficaram nervosos, exceto um velho cavalheiro que animava a querela e parecia vivamente interessado nela. Ele permanecia calmo e parecia apreciar todas as coisas maldosas que os outros diziam sobre o "Tigre" do Tammany Hall. Claro que supus que ele era inimigo do chefe do Tammany, mas não era!

Era o próprio Richard Croker!

Esse era um de seus famosos truques, com os quais ele descobria o que as pessoas pensavam dele e quais eram os planos de seus inimigos.

Não importa o que Richard Croker possa ter sido, ele era um homem de autocontrole. Talvez essa tenha sido uma razão pela qual ele permaneceu como chefe do Tammany Hall pelo tempo que ficou. Homens que se controlam costumam ser os mandachuvas do lugar, qualquer que seja o lugar.

Agora vamos examinar o escopo do significado do termo autocontrole, como é usado em conexão com este livro, descrevendo a conduta geral de uma pessoa que o detém. Uma pessoa que tem autocontrole bem desenvolvido não se entrega a ódio, inveja, ciúme, medo, vingança ou qualquer emoção destrutiva similar. Uma pessoa que tem autocontrole bem desenvolvido não entra em êxtases nem fica entusiasmada a ponto do desgoverno por nada nem por ninguém.

Ambição, egoísmo e autoaprovação, além do ponto de análise pessoal correta e de apreciação do verdadeiro mérito pessoal, indicam falta de autocontrole em uma das suas formas mais perigosas. A autoconfiança é um dos importantes fatores essenciais para o sucesso, mas, quando essa faculdade é desenvolvida além do limite da razão, ela se torna muito perigosa.

O autossacrifício é uma qualidade recomendada, mas, quando é levado a extremos, também se torna uma das formas perigosas de falta de autocontrole. Você deve a si mesmo não permitir que as suas emoções coloquem sua felicidade nas mãos de outra pessoa. O amor é essencial para a felicidade, mas a pessoa que ama tão profundamente que sua felicidade é colocada nas mãos de outra lembra o cordeirinho que entrou no covil do "lobinho gentil" e implorou que lhe permitisse deitar-se e dormir, ou o canarinho que insistiu em brincar com os bigodes do gato.

A pessoa que tem autocontrole bem desenvolvido não se permitirá ser influenciada pelo cínico ou pelo pessimista, nem permitirá que outra pessoa pense em seu lugar.

A pessoa que tem autocontrole bem desenvolvido estimulará sua imaginação e seu entusiasmo até eles terem produzido ação, mas depois vai controlar essa ação e não se permitirá ser controlado por ela.

A pessoa que tem autocontrole bem desenvolvido não odiará aqueles que discordam dela; ao contrário, vai procurar entender o motivo pelo qual eles discordam e tirar vantagem disso.

Muito cedo, na minha carreira pública, fiquei chocado quando descobri quantas pessoas existem por aí que devotam boa parte das suas energias para derrubar aquilo que os outros construíram. Por uma guinada curiosa da roda da fortuna, um desses destruidores cruzou o meu caminho, engajando-se no projeto de tentar destruir a minha reputação. Inicialmente, vi-me inclinado a devolver o ataque, mas certa vez eu estava sentado diante da minha máquina de escrever, tarde da noite, e um pensamento me veio e mudou toda a minha atitude em relação a esse homem. Removi a folha de papel que estava na máquina e inseri outra, na qual declarei este pensamento, nestas palavras: "Você tem uma vantagem tremenda sobre o homem que o prejudica: você tem consigo o poder de perdoá-lo, ao passo que ele não tem tal vantagem sobre você".

Quando terminei de escrever essas linhas, convenci-me de que tinha chegado ao ponto em que tinha de tomar uma decisão com relação a uma política que serviria como guia com relação à minha atitude em relação àqueles que criticavam o meu trabalho ou tentavam destruir minha reputação. Cheguei a essa decisão raciocinando neste sentido: eu tinha dois cursos de ação à minha frente. Poderia gastar muito do meu tempo e da minha energia devolvendo os ataques àqueles que tentavam me destruir, ou poderia empregar essa energia para avançar com meu projeto de vida e deixar que o resultado desse trabalho servisse como minha resposta única para todos que criticassem os meus esforços ou questionasse os meus motivos. Concluí que a última era a melhor política e a adotei.

O mundo logo esquece os destruidores. Ele constrói seus monumentos e concede suas honras apenas para os construtores. Mantenha isso em mente, e você vai se reconciliar mais facilmente com a política de recusar-se a desperdiçar suas energias devolvendo os ataques àqueles que o ofendem.

Muitos homens que alcançaram uma posição elevada na vida superaram oposição de natureza violenta de inimigos invejosos e ciumentos. O falecido presidente Warren G. Harding e o ex-presidente Wilson, bem como outros vários que eu poderia mencionar foram vítimas dessa tendência cruel de certo tipo de homem depravado de destruir reputações. Mas esses homens não desperdiçaram tempo explicando ou devolvendo ataques aos seus inimigos. Eles exerceram autocontrole.

A você foi concedido o poder de usar a forma mais altamente organizada de energia conhecida pelo homem, a do pensamento.

Você tem não somente o poder de pensar, mas também, o que é mil vezes ainda mais importante, você tem o poder de controlar os seus pensamentos e direcioná-los para fazerem tudo que você quiser.

Estamos chegando, agora, à parte importante deste capítulo. Leia com calma e vá refletindo. Abordo essa parte deste capítulo quase com medo e tremor, pois ela nos coloca face a face com um assunto que poucos homens são qualificados para discutir com inteligibilidade razoável.

Repito: você tem o poder de controlar seus pensamentos e forçá-los a fazer tudo que você quiser.

Seu cérebro pode ser comparado a um dínamo, neste sentido: ele gera ou coloca em movimento a energia misteriosa chamada pensamento. Os estímulos que colocam o seu cérebro em ação são de dois tipos: um é a autossugestão, e o outro é a sugestão. Você pode selecionar o material do qual o seu pensar é produzido, e isso é autossugestão. Você pode permitir que os outros selecionem o material do qual o seu pensar é produzido, e isso é sugestão. É um fato humilhante que a maioria do que se pensa é produzida pelas sugestões exteriores dos outros, e é mais humilhante ainda ter de admitir que a maioria das pessoas aceita essa sugestão sem explicá-la ou questionar sua solidez. Lemos os jornais diários como se todas as palavras fossem baseadas em fatos. Somos influenciados pela fofoca e pela fala dos outros como se cada palavra fosse verdade.

Você tem, sob o seu controle, o poder de selecionar o material que constitui os pensamentos dominantes da sua mente, e, tão certamente quanto você está lendo estas linhas, os pensamentos que dominam a sua mente lhe trarão sucesso ou fracasso de acordo com a natureza deles.

O autocontrole é basicamente uma questão de controle de pensamento.

Quando você escolhe deliberadamente os pensamentos que dominam a sua mente e recusa firmemente aceitar a sugestão exterior, está exercendo autocontrole em sua forma mais elevada e eficiente. O homem é o único animal capaz de fazer isso.

A capacidade de negociar com as outras pessoas sem atrito ou discussão é uma qualidade excepcional de todas as pessoas bem-sucedidas. Observe as pessoas que estão mais perto de você e repare quão poucos são aqueles que entendem essa arte da negociação tática. Observe, também, quão bem-sucedidos são os poucos que entendem essa arte, apesar do fato de que muitas vezes eles têm menos instrução do que aqueles com os quais negociam.

É uma habilidade que pode ser cultivada.

A arte da negociação de sucesso se origina da paciência e de um meticuloso autocontrole. Repare em quão facilmente o vendedor de sucesso exerce autocontrole quando está lidando com um cliente que está impaciente. Em seu coração, o vendedor pode estar fervilhando, mas você não verá evidência disso no rosto dele, em seus gestos ou palavras.

Ele adquiriu a arte da negociação tática!

Um único franzir do cenho, como quem desaprova, ou uma única palavra que denote impaciência pode estragar a venda, e ninguém sabe disso melhor que o vendedor de sucesso. Ele se compromete a controlar os sentimentos e, como recompensa, ele mesmo define qual será o seu salário e escolhe o próprio cargo.

Observar uma pessoa que adquiriu a arte da negociação de sucesso é um aprendizado liberal em si. Observe o palestrante que adquiriu essa arte; repare na firmeza de seus passos quando ele sobe no palco; observe a firmeza da voz quando ele começa a falar; estude a expressão no rosto dele conforme ele cobre a plateia com a maestria de sua argumentação. Ele aprendeu a negociar sem atrito.

Observe o médico que adquiriu essa arte, quando entra no quarto e cumprimenta o paciente com um sorriso. Sua postura, o tom da voz, a expressão de segurança no rosto, tudo isso o marca como alguém que adquiriu a arte da negociação de sucesso, e o paciente começa a se sentir melhor no momento em que o médico entra no quarto.

Observe o capataz que adquiriu essa arte, e observe como mesmo a presença dele induz seus trabalhadores a exercer maior esforço e os inspira com confiança e entusiasmo.

Observe o advogado que adquiriu essa arte, e observe como ele comanda o respeito e a atenção da corte, do júri e demais profissionais.

Existe algo no tom de voz dele, na postura do corpo e na expressão do rosto que faz o oponente sofrer, por comparação. Ele não somente conhece o caso, como também convence a corte e o júri de que conhece, e, como recompensa, ele ganha o caso e recebe grandes compensações.

E tudo isso é creditado ao autocontrole. E o autocontrole é o resultado do controle do pensamento.

Por trás de toda realização, por trás de todo autocontrole, por trás de todo controle de pensamento está algo mágico chamado desejo.

Se você desejar adquirir a arte da negociação de sucesso, como você sem dúvida vai desejar quando entender sua significância em relação à obtenção do seu objetivo principal definido, você conseguirá, contanto que o seu desejo seja intenso o suficiente.

Plante no seu cérebro a semente de um desejo que seja construtivo fazendo do seguinte o seu lema e a fundação do seu código de ética:

"Desejo servir ao meu próximo ao longo da minha jornada de vida. Para fazer isso, adotei este lema como guia a ser seguido ao lidar com o meu próximo:

"Treinar-me para que jamais, sob circunstância nenhuma, eu veja falha em nenhuma pessoa, por mais que eu discorde dela ou quão inferior seu trabalho seja, contanto que eu saiba que ela está tentando fazer o seu melhor.

"Respeitar o meu país, a minha profissão e a mim mesmo. Ser honesto e justo com o meu próximo, como espero que ele seja honesto e justo comigo. Ser um cidadão leal ao meu país. Falar dele com louvor, e agir sempre como detentor digno do seu bom nome. Ser uma pessoa cujo nome tenha peso aonde quer que vá.

"Basear as minhas expectativas de recompensa em uma fundação sólida de serviço prestado. Estar disposto a pagar o preço do sucesso em esforço honesto. Enxergar o meu trabalho como uma oportunidade a ser agarrada com alegria e aproveitada ao máximo, e não como labuta dolorosa a ser suportada com relutância.

"Lembrar-me de que o sucesso está dentro de mim – na minha própria mente. Esperar que haverá dificuldades e abrir caminho em meio a elas.

"Evitar a procrastinação em todas as suas formas, e nunca, sob circunstância nenhuma, deixar para amanhã qualquer dever que deveria ser realizado hoje.

"Finalmente, agarrar com afinco as alegrias da vida, para que eu possa ser cortês com os homens, fiel aos amigos e verdadeiro com Deus."

Todas as pessoas bem-sucedidas tiram nota máxima no autocontrole! Todos os fracassados tiram nota baixa, em geral zero, nessa importante lei da conduta humana.

Estude a tabela de análise comparativa da Lição Um e observe as notas de autocontrole de Jesse James e Napoleão Bonaparte.

Uma forma muito comum e muito destrutiva da falta de autocontrole é o hábito de falar demais. Pessoas sábias, que sabem o que querem e são propensas a conseguir, guardam sua conversação com cuidado. Não pode haver benefício em um grande volume de palavras inoportunas, descontroladas e faladas de qualquer jeito.

É quase sempre mais vantajoso escutar do que falar. Um bom ouvinte pode, de vez em quando, ouvir algo que possa ser acrescentado ao seu estoque de conhecimento. É preciso ter autocontrole para ser um bom ouvinte, mas os benefícios a se ganhar valem o esforço.

Afastar outras pessoas da conversa é uma forma comum de falta de autocontrole que não somente é descortês, mas também priva quem faz isso de muitas valiosas oportunidades de aprender com os outros.

Autocontrole foi uma das características observadas em todos os líderes de sucesso que analisei enquanto juntava material para este curso. Luther Burbank dizia que, na opinião dele, o autocontrole era a mais importante das leis do sucesso. Durante todos os seus anos de estudo e observação pacientes dos processos evolucionários da vida vegetal, ele descobriu ser necessário o exercício da faculdade do autocontrole, apesar do fato de que estava lidando com vida inanimada.

Ao desenvolver o autocontrole, você desenvolve também outras qualidades que serão acrescentadas ao seu poder pessoal. Entre outras leis que estão disponíveis para a pessoa que exerce o autocontrole, existe a lei da retaliação.

Você sabe o que significa retaliar.

No sentido que estamos usando aqui, significa "pagar na mesma moeda", e não somente se vingar ou buscar vingança, como se costuma querer dizer com o uso dessa palavra.

Se eu lhe causo prejuízo, você retalia na primeira oportunidade. Se eu disser coisas injustas sobre você, você retaliará da mesma maneira, talvez até em maior medida!

Por outro lado, se eu lhe fizer um favor, você fará algo recíproco talvez até em maior medida, se possível.

Pelo uso adequado dessa lei, posso levá-lo a fazer qualquer coisa que eu quiser que você faça. Se eu quiser que você não goste de mim e coloque a sua influência no intuito de me prejudicar, posso conseguir esse resultado infligindo em você o tipo de tratamento que quero que você inflija em mim, por meio da retaliação.

Se desejo o seu respeito, a sua amizade e a sua cooperação, posso conseguir tudo isso estendendo a você a minha amizade e cooperação.

Quantas vezes você já ouviu este comentário: "Que personalidade incrível aquela pessoa tem"? Quantas vezes você conheceu pessoas cujas personalidades cobiçou?

O homem que o atrai por meio da personalidade agradável dele está meramente exemplificando a lei da atração harmoniosa, ou a lei da retaliação – ambas, quando analisadas, significam que "os iguais se atraem".

O autocontrole é o preço que você deve pagar pela maestria da lei da retaliação. Quando uma pessoa irritada começa a agredi-lo e abusar de você, justa ou injustamente, apenas lembre-se de que, se você retaliar na mesma maneira, será arrastado para o mesmo nível mental dessa pessoa; portanto, essa pessoa está dominando você!

Por outro lado, se você se recusa a ficar irritado, se mantém a compostura e permanece calmo e sereno, você mantém todas as suas faculdades comuns com as quais pode raciocinar. Você pega o outro de surpresa. Você retalia com uma arma cujo uso ele desconhece; por consequência, você o domina facilmente.

Eu imploro a você que faça uso dessa lei, não somente para ganhos materiais, mas também, melhor ainda, para alcançar a felicidade e a boa vontade com o próximo.

Esse, afinal, é o único e verdadeiro sucesso pelo qual deveríamos batalhar.

> Se você não puder desenvolver autocontrole, os sistemas prisionais do mundo podem fazer isso por você. Se você não conseguir controlar suas ações, emoções e seus pensamentos.

– Don M. Green
Diretor-executivo, executivo-chefe e curador.

LIÇÃO NOVE

O HÁBITO DE FAZER MAIS DO QUE SE É PAGO PARA FAZER

"Você consegue fazer se acreditar que consegue!"

Pode parecer uma digressão ao tema deste capítulo começar com uma discussão acerca do amor, mas, se você reservar sua opinião até ter completado o capítulo, talvez venha a concordar que o tema do amor não poderia ter sido omitido sem prejudicar o valor do capítulo.

A palavra "amor" é usada aqui no mais amplo dos sentidos.

Há muitos objetos, motivos e pessoas que incitam a natureza amorosa de uma pessoa. Há trabalhos de que não gostamos, alguns de que gostamos um pouco e, sob certas circunstâncias, pode haver trabalho que nós de fato amemos.

Grandes artistas, por exemplo, em geral amam o seu trabalho. O trabalhador de todo dia, por outro lado, geralmente não somente não gosta do trabalho como também talvez até o odeie.

Quando engajada em trabalho que ama, a pessoa pode trabalhar por um incrivelmente longo período de horas sem ficar cansada. O trabalho de que a pessoa desgosta ou detesta traz cansaço muito rapidamente.

A resistência de um homem, portanto, depende bastante de até que ponto ele gosta, desgosta ou ama aquilo que está fazendo.

Estamos, aqui, preparando a fundação, como você certamente vai perceber, para a afirmação de uma das mais importantes leis desta filosofia, que é: uma pessoa é mais eficiente e vai obter sucesso mais rápido e facilmente quando engajada em trabalho que ama ou trabalho que executa em prol de alguém que ela ama.

Sempre que o elemento do amor entra em uma atividade que uma pessoa executa, a qualidade do trabalho é imediatamente melhorada, e a quantidade, aumentada, sem aumento correspondente do cansaço causado pelo trabalho.

Quando um homem está engajado em trabalho que ele ama, não é dificuldade alguma para ele fazer mais e melhor trabalho do que ele é pago para fazer, e por esse mesmo motivo todo homem deve, para si mesmo, fazer tudo que puder para encontrar o tipo de trabalho de que ele mais goste.

Tenho total direito de oferecer esse conselho aos alunos desta filosofia, porque eu mesmo o segui, e não tenho motivo para me arrepender de tê-lo feito.

Este parece ser o momento apropriado para injetar um pouco de história pessoal acerca tanto do autor quanto da filosofia de *As leis originais do triunfo de Napoleon Hill*, e o motivo para tanto é mostrar que o trabalho executado com um sentimento de amor em relação ao trabalho em si nunca foi e jamais será perdido.

Minha dedicação para esta filosofia tornou necessário, muitos anos atrás, que eu escolhesse entre retornos financeiros imediatos, que eu poderia ter alcançado direcionando meus esforços para atividades puramente comerciais, e a remuneração que entra anos mais tarde e que é representada tanto pelos padrões financeiros usuais quanto por outras formas de compensação – que pode ser medida apenas em termos de conhecimento acumulado que permite a uma pessoa apreciar o mundo ao seu redor com mais proveito.

Essas referências pessoais são feitas apenas com o intuito de mostrar aos alunos desta filosofia que raramente, para não dizer nunca, a pessoa pode esperar que conseguirá trabalhar com aquilo que ama sem encontrar obstáculos de alguma natureza. Geralmente, o maior obstáculo no caminho de alguém que procura atuar no ramo de que mais gosta é que este pode não ser o trabalho que trará a melhor remuneração no começo.

Para contrapor a desvantagem, no entanto, a pessoa que se dedica ao trabalho que ama é geralmente recompensada com dois benefícios diretos, a saber, o primeiro: ela costuma encontrar nesse tipo de trabalho a maior de todas as recompensas, a felicidade, algo que não tem preço; e segundo: a recompensa financeira de fato, quando calculada em média ao longo de toda uma vida de esforço, é geralmente muito maior, pelo motivo de que o trabalho que é realizado com o sentimento de amor costuma ser muito maior em quantidade e melhor em qualidade do que aquele que é realizado apenas por dinheiro.

A mais embaraçosa, e devo dizer, sem a menor intenção de ser desrespeitoso, a mais desastrosa oposição à minha escolha de projeto de vida veio da minha esposa.

A opinião da minha esposa era de que eu deveria aceitar um emprego assalariado que garantisse uma renda mensal regular, porque eu havia mostrado, pelos poucos empregos assalariados que tivera, que tinha certa habilidade na propaganda que poderia angariar uma renda de US$ 6 mil a US$ 10 mil por ano sem nenhum esforço exagerado da minha parte.

De certo modo, eu enxergava o ponto de vista da minha esposa e tinha certa simpatia por ele, pois tínhamos filhos pequenos chegando, que precisariam de roupas e escola, e um salário regular, ainda que não fosse dos maiores, parecia ser uma necessidade.

Apesar desse argumento lógico, entretanto, resolvi passar por cima do conselho da minha esposa. Vieram, então, para dar apoio a ela, as forças combinadas da família dela e da minha, e coletivamente eles me atacaram, sem dó, e o resultado foi a ordem para que eu mudasse totalmente de ideia e sossegasse em um emprego assalariado.

Estudar as pessoas poderia ser adequado para um homem que tivesse tempo a perder nessa atividade "não lucrativa", pensavam eles, mas, para um rapaz casado com uma família que não parava de crescer, isso estava longe de ser a coisa certa a fazer.

Mas fui inflexível! Eu tinha feito a minha escolha e estava determinado a defendê-la.

A oposição não cedeu ao meu ponto de vista, mas gradualmente, é claro, foi derretendo. Entrementes, saber que a minha escolha causara um, pelo menos temporário, contratempo com a minha família, somado à ideia de que meus mais queridos amigos e parentes não estavam em harmonia comigo, impulsionou intensamente os meus esforços.

Eu poderia ter cedido à persuasão dos meus amigos e buscado o caminho de menor resistência, pela rota do salário. Isso teria me poupado muito sofrimento e uma quantia quase interminável de críticas, mas teria arruinado as esperanças de toda uma vida, e, no fim das contas, eu teria, muito provavelmente, perdido, também, a melhor e mais desejada de todas as coisas – a felicidade! Pois fui extremamente feliz no meu trabalho, mesmo durante os períodos em que a remuneração que ele me trazia não podia ser mensurada por nada além de uma montanha de dívidas que na época eu não podia pagar.

Comecei meu trabalho de pesquisa com a esperança de que o sucesso poderia ser obtido por qualquer pessoa que tivesse inteligência razoável e um desejo verdadeiro de ter êxito, seguindo certas (até então por mim desconhecidas) regras de procedimento. Eu queria saber quais regras eram essas e como poderiam ser aplicadas.

Por favor, tenha em mente que, durante todos esses anos de pesquisa, eu não somente estava aplicando a lei abordada nesta lição, fazendo mais do que eu era pago para fazer, mas também estava indo muito além disso ao fazer muito por algo pelo que eu não esperava – na época em que estava fazendo – não receber pagamento algum.

Durante os primeiros anos da minha experiência, fui convidado para dar uma palestra em Canton, Ohio. Minha chegada fora muito bem anunciada, e havia motivo para esperar que eu teria uma plateia grande. Ao contrário, reuniões concorrentes marcadas para dois grupos grandes de executivos reduziram o meu público à sortuda quantia de treze pessoas.

Sempre acreditei que a pessoa deve dar o seu melhor, qualquer que seja a quantia que recebe pelos seus serviços ou o número de pessoas a que esteja servindo ou a classe de pessoas a que serve. Abordei meu tema como se o salão estivesse lotado. Por algum motivo, sublevou-se em mim algo como uma sensação de ressentimento por causa do modo como a "roda da fortuna" tinha se virado contra mim, e, se alguma vez na vida eu dei uma palestra convincente, foi nessa noite.

Lá dentro do coração, no entanto, eu achava que tinha fracassado!

Só no dia seguinte fui saber que estivera fazendo história na noite anterior, algo que estava destinado a dar à filosofia de *As leis do sucesso: as 16 lições práticas de Napoleon Hill* seu primeiro verdadeiro impulso.

Um dos homens sentados na plateia, um dos treze, era o falecido Don R. Mellett, que era na época editor do *Canton Daily News* (mencionado previamente, na Lição Quatro).

Assim que terminei de falar, passei pela porta dos fundos e retornei ao hotel, sem querer dar de cara, ao sair, com nenhuma das minhas treze vítimas.

No dia seguinte, fui convidado para comparecer à sala do Sr. Mellett. Considerando que tinha sido o próprio que tivera a iniciativa de me convidar para ir vê-lo, deixei que ele se encarregasse da conversa. Ele começou dizendo algo neste sentido: "Você se importaria de me contar a sua história de vida inteira? Desde os dias da mais tenra infância até o presente?".

Eu disse que o faria se ele suportasse o fardo de ouvir uma narrativa tão longa. Ele disse que conseguiria, mas, antes que eu começasse, alertou-me para não omitir as partes desagradáveis.

"O que quero que você faça", disse ele, "é misturar a parte gorda à magra e me deixar dar uma olhada na sua alma, não do lado mais favorável, mas de todos os lados."

Por três horas eu falei, e Mellett ficou ouvindo!

Não omiti nada. Falei sobre as minhas dificuldades, meus erros, meus impulsos para ser desonesto quando as marés de sorte avançavam contra mim agressivas demais, e a sensatez que prevalecia, no fim das contas, mas somente depois que eu e a minha consciência tivéssemos travado prolongado combate. Contei-lhe sobre como tinha concebido a ideia de organizar a filosofia de *As leis do sucesso: as 16 lições práticas de Napoleon Hill*, como tinha reunido os dados que entraram na filosofia, dos experimentos que fiz que resultaram na eliminação de parte dos dados e na retenção de outras partes.

Depois que concluí, Mellett disse: "Quero lhe fazer uma pergunta muito pessoal, e espero que você responda tão francamente quanto me contou o restante da sua história. Você acumulou algum dinheiro com os seus esforços, e, se não, você sabe por que não conseguiu?".

"Não!", respondi. "Não acumulei nada além de experiência, conhecimento e algumas dívidas, e o motivo, embora não pareça lá muito razoável, é facilmente explicável. O fato é que estive tão ocupado todos esses anos tentando eliminar um pouco da minha própria ignorância para que pudesse, com inteligência, reunir e organizar os dados que entraram na filosofia de *As leis do sucesso: as 16 lições práticas de Napoleon Hill* que não tive a oportunidade nem a inclinação para direcionar meus esforços para ganhar dinheiro."

A expressão séria no rosto de Don Mellett, para minha grande surpresa, atenuou-se para um sorriso quando ele pôs a mão no meu ombro e disse: "Eu sabia a resposta antes de você dizer, mas queria saber se você sabia. Você deve saber que não é o único homem que teve de sacrificar a remuneração financeira imediata para juntar conhecimento, pois, na verdade, a sua experiência foi a mesma que a de todo filósofo, desde o tempo de Sócrates até o presente".

Essas palavras soaram como música para os meus ouvidos. Eu havia feito uma das mais embaraçosas confissões da minha vida; tinha desnudado a minha alma, admitindo a derrota temporária em quase todos os cruzamentos pelos quais passara nas minhas dificuldades, e fechara tudo isso com chave de ouro admitindo que um expoente das leis originais de Napoleon Hill era, ele mesmo, naquela época, um fracassado!

Quão incongruente parecia! Senti-me um idiota, humilhado e envergonhado, sentado ali diante do mais curioso par de olhos e do homem mais inquisidor que eu já conhecera.

O absurdo de tudo isso me acertou como um lampejo – a filosofia do sucesso, criada e divulgada por um homem que era, obviamente, um fracasso.

Essa ideia me atingiu com tamanha força que eu a expressei em palavras. "O quê?", exclamou Mellett. "Um fracasso?"

"Certamente, você sabe a diferença entre fracasso e derrota temporária", ele prosseguiu. "Nenhum homem que cria uma única ideia que seja é um fracassado, muito menos toda uma filosofia que existe para atenuar os desapontamentos e minimizar as dificuldades de gerações por nascer."

Eu ficava me perguntando qual seria o objetivo dessa entrevista. Minha primeira conjetura fora que Mellett queria juntar uns fatos com os quais fundamentar um ataque, em seu jornal, contra a filosofia das leis originais de Napoleon Hill. Talvez a ideia tivesse se originado de algumas das minhas experiências prévias com o pessoal dos jornais, alguns dos quais tinham se posicionado contra mim. De qualquer maneira, resolvi, ao longo da entrevista, entregar-lhe os fatos, sem embelezamento, sem me importar com o que poderia acontecer.

Antes que eu deixasse a sala de Mellett, tínhamos nos tornado parceiros de negócio, tendo combinado que ele pediria demissão do cargo de editor do *Canton Daily News* e assumiria a gestão de todos os meus negócios, assim que isso pudesse ser arranjado.

Enquanto isso, comecei a escrever para o jornal de domingo uma série de editoriais, baseados na filosofia das leis originais de Napoleon Hill, que foram publicados no *Canton Daily News*.

Um desses editoriais chamou a atenção do juiz Elbert H. Gary, que na época era presidente do conselho da United States Steel Corporation. Isso resultou no início de uma conversa entre Mellett e o juiz Gary, o que, por sua vez, levou à oferta deste de comprar o livro *As leis do sucesso: as 16 lições práticas de Napoleon Hill* para que fosse usado pelos funcionários da empresa de aço.

As marés da sorte começavam a se voltar a meu favor!

As sementes de serviço que eu vinha semeando durante um longo período de anos turbulentos, fazendo mais do que eu era pago para fazer, começavam a germinar finalmente!

Apesar do fato de meu parceiro ter sido assassinado pouco depois de os nossos planos terem apenas começado, e do juiz Gary ter morrido antes que a filosofia de *As leis do sucesso: as 16 lições práticas de Napoleon Hill* pudesse ser reescrita para se conformar aos requisitos dele, o "trabalho por amor perdido" daquela noite fatídica, quando falei para uma plateia de treze pessoas em Canton, Ohio, deu início a uma corrente de eventos que agora se movem rapidamente sem pensamento ou esforço algum da minha parte.

Com essa história de fundo acerca da filosofia de *As leis do sucesso: as 16 lições práticas de Napoleon Hill* como um todo, e este capítulo em particular, você está mais preparado para aceitar como sólida a lei na qual se baseia este capítulo.

Há mais de um monte de motivos razoáveis pelos quais você deveria desenvolver o hábito de fazer mais serviço e serviço melhor do que aquele pelo qual lhe pagam, apesar do fato de que a grande maioria das pessoas não entrega trabalho como esse.

Há dois motivos, contudo – e que transcendem os demais em importância –, para entregar um trabalho como esse.

Primeiro, ao estabelecer a reputação de ser alguém que sempre faz mais e melhor serviço do que aquele pelo qual é pago, você se beneficiará da comparação com os que estão ao seu redor que não agem da mesma maneira, e o contraste será tão perceptível que haverá uma verdadeira competição pelos seus serviços, seja lá qual for o seu ramo de atuação.

O segundo, e de longe o mais importante motivo pelo qual você deveria fazer mais serviço do que aquele pelo qual é pago – motivo esse que é básico e naturalmente fundamental –, pode ser descrito deste modo: imagine que você gostaria de desenvolver seu braço direito para que ficasse forte, e imagine que você tentasse fazer isso amarrando esse braço na lateral do corpo com uma corda, tirando-o, assim, de uso e dando-lhe um longo descanso. O desuso traria força ou traria fraqueza e atrofia, resultando por fim na necessidade de amputar o braço? Fraqueza, claro; somente esforço e resistência trazem força.

É por meio da operação de uma das leis invariáveis da natureza que o esforço e a resistência desenvolvem a força, e o propósito desta lição é mostrar-lhe como aproveitar essa lei e usá-la de modo que ela o ajude na sua busca pelo sucesso. Realizando mais e melhor serviço do que aquele pelo qual é pago, você não somente exercita suas qualidades na execução desse serviço, e doravante desenvolve técnica e habilidade de um tipo extraordinário, como também constrói uma reputação que não tem preço. Se você formar esse hábito de entregar serviço dessa maneira, ficará tão habilidoso na sua área que poderá receber remuneração maior que a daqueles que não trabalham do mesmo jeito. Você acabará desenvolvendo força suficiente que lhe permitirá remover-se de qualquer situação indesejada na vida, e ninguém vai querer ou conseguir refreá-lo.

Pessoalmente, nunca recebi uma promoção na vida que não pudesse ligar diretamente ao reconhecimento de que eu a conquistara fazendo mais e melhor serviço do que aquele pelo qual eu era pago.

Agora, analisaremos a lei sobre a qual todo este capítulo é fundamentado, a saber.

A lei dos retornos crescentes

Antes de mais nada, vamos enfatizar o fato de que não há embuste ou trapaça em relação a essa lei, embora muita gente pareça não ter aprendido essa grande verdade, a julgar pelo número de pessoas que despendem todo o seu esforço tentando conseguir as coisas sem fazer nada ou conseguir alguma coisa por menos do que ela realmente vale.

Um traço marcante e digno de nota da lei dos retornos crescentes é o fato de que ela pode ser usada por aqueles que pagam por serviços com os maiores retornos possíveis que podem ser fornecidos pelas pessoas que prestam esse serviço, e para prová-lo precisamos estudar os efeitos da famosa escala de salário-mínimo de US$ 5 por dia de Henry Ford, que ele inaugurou alguns anos atrás.

Quem sabe dos fatos diz que o Sr. Ford não estava bancando o filantropo quando inaugurou essa escala de salário-mínimo; ao contrário, estava apenas tirando vantagem de um sólido princípio de negócios que deve ter-lhe rendido maior retorno, tanto em dólares quanto em boa vontade, do que qualquer outra política alguma vez inaugurada nas fábricas da Ford.

Pagando um salário maior do que a média, ele recebia maior e melhor serviço do que a média!

Em uma só tacada, ao inaugurar essa política de salário-mínimo, Ford atraiu os melhores trabalhadores do mercado e colocou uma verdadeira recompensa sobre o privilégio de trabalhar naquela fábrica.

Enquanto outros empregadores eram forçados a depender de supervisores custosos para obter o serviço que lhes era devido, e pelo qual estavam pagando, Ford conseguia o mesmo – ou melhor – serviço por um método menos dispendioso, que era transformar em um verdadeiro privilégio ter uma vaga de emprego em sua fábrica.

Marshall Field era provavelmente o líder na área do comércio na sua época, e a grande loja Field, em Chicago, permanece até hoje um monumento à habilidade do homem de aplicar a lei dos retornos crescentes.

Uma cliente comprou uma cara peça de roupa íntima na loja da Field, mas nunca usou. Dois anos depois, ela a deu para a sobrinha, como presente de casamento. A sobrinha, discretamente, devolveu a peça à loja e a trocou por outra mercadoria, apesar do fato de que a peça estivera ausente do catálogo por mais de dois anos e já fora de moda.

Não somente a loja aceitou de volta a peça como também, o que é mais importante, fez isso sem o menor questionamento!

Claro que não havia obrigação alguma, moral ou legal, da parte da loja de aceitar a devolução da peça depois de todo esse tempo, o que faz a transação ainda mais significativa.

O preço original da peça era de US$ 50, e claro que ela teve de ser jogada no balcão de promoção para ser vendida por qualquer valor que se conseguisse, mas o estudante atento da natureza humana compreenderá que a loja não somente não perdeu nada por causa da peça como também, na verdade, lucrou com a transação de forma que não pode ser medida em meros dólares.

A mulher que devolveu a peça de roupa sabia que não tinha direito a uma restituição; portanto, quando a loja lhe deu algo a que ela não tinha direito, a transação a conquistou como uma cliente permanente. Mas o efeito da transação não acabou por aí; ele apenas começou, pois a mulher espalhou a notícia de como fora "bem tratada" pela loja Field por todo canto. Foi esse o assunto do bate-papo da mulherada por muitos dias, e a loja recebeu mais divulgação com essa transação do que poderia ter pagado para fazer de outra maneira, gastando dez vezes o valor da roupa.

O sucesso das lojas Field foi construído em boa parte sobre o entendimento de Marshall Field acerca da lei dos retornos crescentes, que o incitou a adotar, como parte de sua política de negócios, o seguinte *slogan*: "O cliente tem sempre razão".

Quando você faz somente aquilo pelo que foi pago, não existe nada fora do comum que possa gerar comentários favoráveis acerca da transação. Contudo, quando você faz mais do que foi pago para fazer, e apenas porque quis, essa sua atitude atrai uma atenção favorável de todos que foram afetados pela transação – e dá mais um passo no sentido de estabelecer uma reputação que acabará por fazer a lei dos retornos crescentes trabalhar a seu favor, pois essa reputação criará demanda para os seus serviços por todo canto.

Uma das mais vantajosas promoções que recebi se deu por meio de um incidente que parecia ser tão insignificante que eu não acreditava que poderia vir a ter qualquer importância. em uma tarde de sábado, um advogado cuja sala ficava no mesmo andar que a do meu chefe entrou e perguntou onde ele poderia arranjar um estenógrafo para fazer um trabalho que ele precisava terminar naquele mesmo dia.

Eu lhe disse que todos os nossos estenógrafos tinham ido assistir a um jogo, e que eu também não estaria ali se ele tivesse aparecido cinco minutos mais tarde, mas que eu ficaria muito contente de ficar mais um pouco e fazer o trabalho dele, visto que eu poderia assistir a qualquer outro jogo, qualquer outro dia, e o trabalho dele precisava ser feito naquele momento.

Fiz o trabalho para ele, e, quando ele me perguntou quanto me devia, respondi: "Ah, uns mil dólares, já que foi para você; se fosse pra qualquer outro, eu não cobraria nada". Ele sorriu e me agradeceu.

Eu mal podia imaginar, quando fiz esse comentário, que ele me pagaria mil dólares pelo trabalho daquela tarde, mas ele pagou! Seis meses depois, quando eu já tinha me esquecido completamente desse ocorrido, ele me ligou de novo e me perguntou quanto eu estava ganhando de salário. Quando eu lhe disse, ele me informou que estava pronto para me pagar aqueles mil dólares que eu tinha dito, brincando, que cobraria pelo trabalho que fizera para ele – e ele me pagou mesmo, dando-me um emprego com acréscimo de mil dólares anuais no salário.

Inconscientemente, eu tinha colocado a lei de retornos crescentes para trabalhar a meu favor naquela tarde, abrindo mão do jogo e fazendo um serviço que foi feito, obviamente, na intenção de ajudar, e não pensando em compensação financeira.

É literalmente verdade que você poderá alcançar o sucesso melhor e mais rápido se ajudar os outros a vencer também.

Uns dez anos atrás, quando trabalhava no ramo da propaganda, construí toda a minha clientela aplicando os fundamentos sobre os quais esta lição está alicerçada. Colocando meu nome nas listas de diversas lojas que vendiam produtos a distância, eu recebia todo o seu catálogo de mercadorias. Quando eu recebia uma carta ou panfleto que achava que podia melhorar, me punha a trabalhar imediatamente e fazia os ajustes, depois enviava de volta para a firma que o enviara para mim, junto de uma carta afirmando que aquela era apenas uma amostra do que eu poderia fazer – que havia um monte de outras ótimas ideias de onde as outras tinham vindo – e que eu ficaria muito contente de prestar serviço regular por um valor mensal.

Invariavelmente, isso gerava pedidos para os meus serviços.

Muitos anos atrás, fui convidado para dar uma palestra para os alunos da escola Palmer, em Davenport, Iowa. Meu agente concluiu os arranjos para que eu aceitasse o convite sob os termos regulares da época, que consistiam em US$ 100 pela palestra mais os gastos da viagem.

Quando cheguei a Davenport, deparei com um comitê de recepção esperando por mim na estação, e naquela noite me foi dada a mais calorosa das boas-vindas que eu já tinha recebido durante a minha carreira pública até aquele momento. Conheci muitas pessoas agradáveis de quem obtive fatos muito valiosos, que me foram muito benéficos; por isso, quando me pediram para descrever meus gastos, para que a escola pudesse me fazer um cheque, eu lhes disse que já tinha sido pago, e havia recebido muito mais que o combinado, pelo que eu aprendera no tempo que tinha passado lá. Recusei o pagamento e retornei ao meu escritório, em Chicago, sentindo-me muito bem pago pela viagem.

Na manhã seguinte, o Dr. Palmer apresentou-se diante dos dois mil alunos da escola e anunciou o que eu dissera sobre me sentir bem pago pelo que eu aprendera, e acrescentou: "Nesses vinte anos em que tenho conduzido esta escola, convidei diversos palestrantes para se apresentar ao corpo discente, mas essa foi a primeira vez que vi um homem recusar o pagamento porque achou que já tinha sido pago por seus serviços de outras maneiras. Esse homem é o editor de uma revista nacional, e recomendo a todos vocês que assinem essa revista, porque um homem desses deve ter muito do que cada um de vocês vai precisar quando saírem por este mundo oferecendo os seus serviços".

Na metade daquela semana, eu já tinha recebido mais de US$ 6 mil em assinaturas da revista da qual eu era editor, e durante os dois anos seguintes esses mesmos dois mil alunos e seus amigos renderam mais de US$ 50 mil em assinaturas.

Diga-me, se puder, como ou onde eu poderia ter investido US$ 100 para obter tanto lucro quanto esse, recusando-me a aceitar minha taxa de US$ 100 e doravante colocando a lei dos retornos crescentes para agir a meu favor?

Um dos motivos mais importantes pelos quais eu deveria sempre estar não somente pronto, mas também disposto a fazer serviço é o fato de que, toda vez que fazemos isso, nós ganhamos, desse modo, mais uma oportunidade de provar a alguém que temos habilidade; damos mais um passo em direção a receber o reconhecimento necessário que todos nós devemos ter.

Agora voltemos a atenção para um traço ainda mais importante desse hábito de fazer mais e melhor serviço do que você é pago para fazer; a saber, o fato de que podemos desenvolver esse hábito sem pedir permissão para tanto.

Esse serviço pode ser realizado por iniciativa própria, sem o consentimento de ninguém. Você não tem de consultar aqueles para quem você presta o serviço, pois se trata de um privilégio sobre o qual você tem controle total.

Faça sempre mais e melhor serviço do que aquele pelo qual você foi pago e, antes que perceba o que aconteceu, você verá o mundo lhe pagando por mais do que você faz!

Lucro composto sobre lucro composto será a proporção em que você será pago por esse serviço. Como essa pirâmide de ganhos se formará, cabe inteiramente a você determinar.

Agora, o que você vai fazer com o que aprendeu neste capítulo? E quando? Como? Por quê? Este capítulo pode acabar não tendo valor algum para você a não ser que o mobilize a adotar e usar o conhecimento que ele lhe trouxe.

Você jamais poderá tornar-se um líder sem fazer mais do que é pago para fazer, e não poderá ter sucesso sem desenvolver liderança na sua área de atuação.

> Dar um passo a mais é um traço que você pode desenvolver sem a permissão de alguém que lhe pagará tremendos dividendos. Dar um passo a mais significa simplesmente fazer mais trabalho do que lhe pagam para você fazer.

– **Don M. Green**

Diretor-executivo, executivo-chefe e curador.

LIÇÃO DEZ

PERSONALIDADE AGRADÁVEL

"Você consegue fazer se acreditar que consegue!"

O que é uma personalidade atraente?

Claro que a resposta é: uma personalidade que atrai.

Mas o que faz uma personalidade atrair os outros? Vamos descobrir. Sua personalidade é a soma das suas características e aparências, que o distinguem de todos os outros. As roupas que você usa, as linhas do seu rosto, o tom da sua voz, as coisas que você pensa, o caráter que desenvolveu esses pensamentos – tudo isso é parte da sua personalidade.

Se sua personalidade é atraente ou não, é outra história.

De longe, a parte mais importante da sua personalidade é a que é representada pelo seu caráter, portanto, é a parte que não é visível. O estilo das suas roupas e quão apropriadas elas são constituem, sem dúvida, parte muito importante da sua personalidade, já que é verdade que as pessoas formam primeiras impressões de você pela sua aparência exterior.

Até mesmo o modo como você cumprimenta é uma parte importante da sua personalidade e influencia demais ao atrair ou repelir as pessoas que você cumprimenta.

A expressão dos seus olhos também compõe parte importante da sua personalidade, pois há pessoas – e são mais pessoas do que talvez você imagine – que podem olhar através dos seus olhos e enxergar o seu coração, bem como ver o que está escrito ali na natureza dos seus pensamentos mais secretos.

A vitalidade do seu corpo – às vezes chamada de magnetismo pessoal – também constitui parte importante da sua personalidade.

Agora vamos arranjar esses meios exteriores por meio dos quais a natureza da sua personalidade é expressa, para que ela possa atrair as pessoas, e não as repelir.

Existe uma maneira pela qual você pode expressar o composto da sua personalidade para que ela sempre atraia, ainda que você acabe parecendo tão desajeitado quanto a "mulher gorda" do circo, que é demonstrando um verdadeiro interesse no que a outra pessoa faz da vida.

Deixe-me ilustrar exatamente de que estou falando, contando um incidente que aconteceu alguns anos atrás, com o qual aprendi uma lição de vendedor mestre.

Um dia, uma senhora ligou para o meu escritório e mandou seu cartão com uma mensagem na qual dizia que precisava me ver pessoalmente. Não havia o que os secretários pudessem fazer para que ela revelasse a natureza da visita; portanto, concluí que devia se tratar de uma pobre alma querendo me vender um livro e, lembrando-me de que a minha mãe era também uma senhora como essa, resolvi ir até a recepção e comprar o livro dela, qualquer que fosse.

Quando eu percorria o corredor que levava até a minha sala, essa senhora, que estava logo atrás do corrimão que dava na sala de espera, começou a sorrir.

Eu já tinha visto muita gente sorrindo, mas nunca na vida tinha visto alguém sorrir de um jeito tão doce quanto essa senhora sorria. Era um daqueles sorrisos contagiantes, porque eu captei o que ela sentia e comecei a sorrir também.

Quando me aproximei do corrimão, a senhora estendeu a mão para me cumprimentar. Veja, tenho uma regra de nunca ser amigável demais na primeira vez em que encontro alguém que aparece no meu escritório, pelo fato de que fica difícil demais dizer não caso a pessoa me peça para fazer alguma coisa que não quero fazer.

Entretanto, essa doce senhorinha parecia tão inocente e inofensiva que estendi a mão, e ela começou a sacudi-la! Foi então que descobri que ela tinha não somente um sorriso atrativo, mas também um aperto de mão magnético. Ela segurou minha mão com firmeza, mas não firme demais, e o modo como ela executava o gesto me telegrafou a ideia para o cérebro de que era ela quem estava fazendo as honras. Ela me fez sentir como se ela estivesse realmente, honestamente, feliz de me cumprimentar, e acredito que ela estava mesmo. Acredito que aquele aperto de mão veio do fundo do coração, tanto quanto da mão dela.

Note quão bem essa senhora usou um sorriso e um aperto de mão como ferramentas com as quais abrir a janela para o meu coração – mas a parte mais importante da transação ainda está por ser relatada.

Lenta e deliberadamente, como se tivesse todo o tempo do universo (que ela de fato tinha, até onde eu sabia naquele momento), a senhora começou a transformar em realidade o primeiro passo em direção à sua vitória, dizendo: "Eu só vim aqui lhe dizer (e fez uma pausa que pareceu, para mim, a mais longa de todas) que acho que você está fazendo o trabalho mais maravilhoso do mundo de hoje".

Cada palavra foi enfatizada com um aperto gentil, embora firme, da minha mão, e ela olhava através dos meus olhos, para dentro do meu coração, enquanto falava.

Depois que recobrei a consciência (pois se tornou piada entre os meus assistentes, no escritório, que eu praticamente havia desmaiado ali), abri a pequena trava secreta que prendia a porta de entrada e disse: "Pode entrar, minha senhora... entre na minha sala", e, com uma mesura galante que teria feito jus aos cavaleiros de antigamente, acenei para que ela entrasse e se sentasse "um pouquinho".

Ela mal se sentou na minha sala e foi já abrindo um pacote que eu julgara ser o livro que ela viera me vender, e de fato havia um livro no pacote – na verdade, vários deles –, pois ela tinha todo um ano da revista da qual eu era editor na época (*Hill's Golden Rule*). Ela foi virando páginas dessas revistas e lendo passagens que marcara aqui e ali, garantindo-me, esse tempo todo, que sempre acreditara na filosofia por trás de tudo aquilo que estava lendo.

E então, quando eu já me encontrava em um estado de hipnose completa, e totalmente receptivo, minha visitante passou a conversa para um assunto que, suspeito eu, ela já tinha em mente, para tratar comigo, desde muito antes de ter aparecido no meu escritório; porém – e esse é outro ponto no qual a maioria dos vendedores tropeça –, se ela tivesse invertido a ordem da conversa e começado onde terminou, seria muito provável que nem tivesse obtido a oportunidade de entrar na minha sala.

Durante os últimos três minutos de sua visita, ela me apresentou habilmente os detalhes de uns seguros que estava vendendo. Ela não me ofereceu, para que eu comprasse, mas o modo como me contou das vantagens dos seguros (além da maneira como tinha me falado, tão admiravelmente, dos méritos da minha atividade) causou o efeito psicológico de me fazer querer comprar. Apesar de eu não ter comprado nenhum seguro dela, ela fez uma venda – porque peguei o telefone e a apresentei para um homem a quem, mais tarde, ela vendeu cinco vezes a quantia que pretendera vender para mim.

Somos todos iguais neste sentido: escutaremos com grande interesse as pessoas que tiverem o tato de falar sobre aquilo que nos fala ao coração, e então, por um senso de reciprocidade, também escutaremos com interesse quando o interlocutor finalmente passar a conversa para o assunto que está mais perto do coração dele. No fim das contas, não somente vamos assinar "no pontilhado", mas também diremos algo como: "Que personalidade incrível!".

Pessoas como Carnegie, Rockefeller, James J. Hill ou Marshall Field acumularam grandes fortunas pela aplicação dos mesmos princípios que estão disponíveis para todos os demais, mas nós invejamos a riqueza deles sem jamais pensar em estudar sua filosofia e adequá-la para nosso uso.

Olhamos para um homem de sucesso no seu momento de triunfo e imaginamos como ele conseguiu, mas negligenciamos a importância da análise dos métodos, e nos esquecemos do preço que ele teve de pagar em preparação cuidadosa e organizada que precisou ser feita antes que ele pudesse colher os frutos de seus esforços.

Claro que haverá quem entenderá mal o princípio que estou tentando esclarecer aqui, chegando à conclusão de que qualquer tipo de galanteio barato tomará o lugar do interesse genuíno. Espero que você não seja uma dessas pessoas. Espero que seja um daqueles que entendem a verdadeira psicologia na qual se baseia este capítulo, e que se aplique em estudar as pessoas de perto, com atenção suficiente para encontrar nelas e no trabalho delas algo que você realmente admire. Somente dessa maneira você poderá desenvolver uma personalidade que será irresistivelmente atraente.

O galanteio barato tem basicamente o efeito oposto à constituição de uma personalidade atraente. Ele repele, em vez de atrair. É tão superficial que até mesmo os ignorantes o percebem facilmente.

A personalidade agradável é aquela que faz uso da imaginação e da cooperação.

Analise qualquer homem que não tem uma personalidade agradável e você verá que faltam a esse homem as faculdades da imaginação e da cooperação.

Isso nos traz ao momento adequado para introduzir uma das maiores lições já postas em papel acerca da personalidade. É também uma das mais eficientes lições já escritas acerca do comércio, visto que os temas da personalidade atraente e do comércio devem sempre andar de mãos dadas – são inseparáveis.

Faço referência à obra-prima de Shakespeare, o discurso de Marco Antônio no funeral de César. Talvez você já tenha lido essa oração, mas ela será apresentada aqui com interpretações em parênteses que podem ajudá-lo a perceber nela um novo significado. A cena dessa oração era algo como se segue: César está morto, e Brutus, seu assassino, é chamado para contar à multidão romana, que se reuniu na funerária, o motivo pelo qual ele tirou César do caminho. Imagine, mentalmente, uma multidão alvoroçada que não era nada a favor de César e já acreditava que Brutus havia cometido um ato nobre ao matá-lo.

Brutus sobe à plataforma e faz um discurso breve acerca de seus motivos para ter matado César. Confiante de que ganhou o dia, ele se senta em seu lugar. Todo o seu comportamento é de alguém que acredita que sua palavra será aceita sem questionamento; é pura altivez.

Marco Antônio, agora, sobe à plataforma, sabendo que a multidão está contra ele, porque ele era amigo de César. Em um tom de voz grave e humilde, Marco Antônio começa a falar.

Marco Antônio: Pelo bem de Brutus, eu lhes fico devedor.

4º cidadão: Que disse ele de Brutus?

3º cidadão: Disse que, pelo bem de Brutus, ele se acha devedor de todos nós.

4º cidadão: É melhor que ele não fale mal de Brutus.

1º cidadão: Esse César era um tirano.

3º cidadão: Ah, isso é certo. Foi uma bênção Roma se ver livre dele.

2º cidadão: Silêncio! Vamos ouvir o que Antônio pode dizer.

(Aqui você observará, na primeira frase de Marco Antônio, seu método habilidoso de "neutralizar" a mente dos ouvintes.)

Marco Antônio: Amigos romanos...[3]

(Tão "amigos" quanto uma gangue de anarquistas em uma reunião de operários revolucionários.)

Todos: Silêncio! Vamos ouvir.

(Se Marco Antônio tivesse começado seu discurso "derrubando" Brutus, a história de Roma teria sido diferente.)

Marco Antônio: Amigos, romanos, compatriotas, ouçam-me. Eu vim para enterrar César, e não para exaltá-lo.

(Aliando-se com aquele que ele sabia ser o estado de espírito dos ouvintes.)

O mal que os homens fazem sobrevive depois deles; o bem é quase sempre enterrado com seus ossos. Assim seja com César. O nobre

3. SHAKESPEARE, William. *Teatro completo: tragédias e comédias sombrias*; v. 1. Trad. de Barbara Heliodora, 2006.

Brutus disse-vos que César era ambicioso. Se isso é verdade, foi uma falta grave, e César respondeu gravemente por ela. Com a permissão de Brutus e dos demais, porque Brutus é um homem honrado, assim ele e todos, todos homens honrados, venho eu aqui falar nos funerais de César. Ele era meu amigo, leal e justo comigo. Mas Brutus disse que ele era ambicioso. E Brutus é um homem honrado. Ele trouxe muitos prisioneiros para Roma cujos resgates encheram os cofres públicos. Era nisso que César parecia ambicioso? Quando os pobres choravam, César chorava. A ambição devia ser de uma substância mais dura. Mas Brutus disse que ele era ambicioso. E Brutus é um homem honrado. Todos viram que, nas Lupercais, três vezes eu lhe ofereci a coroa real e três vezes ele recusou? Era isso a ambição? Mas Brutus diz que ele era ambicioso, e, sem dúvida alguma, Brutus é um homem honrado. Eu falo não para desaprovar o que Brutus disse, mas estou aqui para falar o que sei. Todos o adoravam, e não era sem motivo. Que motivo vos impede então de chorar por ele agora? Ó razão! Tu fugiste para as feras, as bestas, e os homens perderam o senso. Tenhais dó; meu coração jaz no caixão com César; devo esperar que retorne para mim.

(Nesse ponto, Marco Antônio faz uma pausa, dando chance à plateia para discutir rapidamente, entre si, sobre suas frases iniciais. Seu objetivo, ao fazer isso, era observar o efeito que suas palavras surtiam, como um vendedor mestre sempre encoraja seu possível comprador a falar, para poder saber o que se passa na mente deste.)

1º cidadão: Acredito que em sua fala há muito senso.

2º cidadão: Se tu consideras bem a questão, César incorrera em grande erro.

> 3º cidadão: Sim, amigos? Temo que em seu lugar vem outro muito pior.
>
> 4º cidadão: Prestaste atenção ao que ele disse? Recusou a coroa, logo é certo não ter sido ambicioso.
>
> 1º cidadão: Isso provado, muita gente terá de pagar caro.
>
> 2º cidadão: Pobre alma! Tinha os olhos como fogo, à força de chorar.
>
> 3º cidadão: Não há homem mais nobre em Roma que Antônio.
>
> 4º cidadão: Atenção! Ele torna a falar.
>
> Marco Antônio: Ainda ontem, com uma palavra, César enfrentava o mundo. Hoje jaz ali, não tem um só mendigo para honrá-lo. Ó, senhores! Quisesse eu comover-vos, em mente e coração, até a revolta, faria mal a Brutus, mal a Cássio, que vós sabeis serem homens bem honrados.

(Observe quantas vezes Marco Antônio repetiu o termo "honrado". Observe, também, quão habilmente ele insere a primeira insinuação de que talvez Brutus e Cássio não sejam tão honrados quanto a multidão acredita que sejam. Essa insinuação é induzida nas palavras "revolta" e "mal", que aqui ele usa pela primeira vez, depois que a pausa lhe deu tempo de observar que a multidão começava a pender para o lado dele na discussão. Observe quão cuidadosamente ele vai "tateando" o caminho, fazendo com que suas palavras caibam naquele que ele acredita ser o estado de espírito dos ouvintes.)

> Mas não lhes farei mal; prefiro, antes, fazê-lo ao morto, a vós e a mim mesmo, do que fazê-lo a homens tão honrados.

(Cristalizando sua insinuação em ódio por Brutus e Cássio, ele então apela para a curiosidade dos demais e começa a deitar a fundação para o clímax – clímax esse que ele sabe que vai convencer a multidão, porque está se aproximando dele tão habilmente que a multidão vai acreditar que chegou a essa conclusão por conta própria.)

> Eis um escrito com o selo de César; achei-o no seu quarto; é a sua palavra. Se o povo ouvisse aqui seu testamento, o qual, perdão, eu não pretendo ler.

(Intensificando o apelo à curiosidade, fazendo-os acreditar que ele não pretende ler o testamento.)

> Ele iria beijar essas feridas, molhar seus lenços no sangue sagrado, tentar guardar um cabelo de César e, ao morrer, haveria de testar, deixando-o qual legado precioso aos seus herdeiros.

(A natureza humana sempre deseja aquilo que é difícil de obter, ou aquilo de que está prestes a ser privada. Observe quão ardilosamente Marco Antônio atiçou o interesse da multidão e os fez querer ouvir a leitura do testamento, doravante preparando-os para ouvir com a mente aberta. Isso marca o segundo passo no processo de "neutralizar" a mente deles.)

> Todos: O testamento! Queremos ouvir a palavra de César.
> Marco Antônio: Tenhais paciência, gentis amigos, não devo ler; não convém ficardes sabendo quanto César vos amava. Não sois de pedra, nem de pau, mas homens; e, como tal, se ouvísseis a leitura do testamento dele, poderíeis inflamados ficar, ficar furiosos. Conveniente não é ficardes todos sabendo que os herdeiros sois de César; pois, se o soubésseis, que não se daria?
> 4º cidadão: O testamento! Lede o testamento de César, Marco Antônio.

Marco Antônio: Não podeis acalmar-vos um momento? Fui indiscreto ao vos falar sobre isso. Temo ofender os honrados homens cujas adagas apunhalaram César.

("Adagas" e "apunhalaram" sugerem assassinato cruel. Observe quão habilmente Marco Antônio injeta essa sugestão no discurso, e observe também quão rapidamente a multidão capta o significado, porque, sem que eles o saibam, Marco Antônio preparou a mente de todos cuidadosamente para receber essa sugestão.)

4º cidadão: Eram traidores: homens honrados!

Todos: O testamento!

2º cidadão: Eram vilões, assassinos. Lede o testamento!

(Exatamente o que Marco Antônio teria dito no início, mas ele sabia que teria um efeito mais interessante se plantasse a ideia na mente dos presentes na multidão e lhes permitisse eles mesmos dizerem.)

Marco Antônio: Forçais-me, então, a ler o testamento? Sendo assim, vinde em círculo postar-vos ao redor do cadáver, e que eu possa apontar-vos ele, que fez o testamento. Devo descer? Dar-me-eis permissão?

(Esse é o ponto em que Brutus deveria ter começado a procurar uma porta nos fundos pela qual escapar.)

Todos: Descei.

2º cidadão: Descei.

3º cidadão: Tendes permissão.

(Marco Antônio desce.)

4º cidadão: Um círculo; façam a volta.

1º cidadão: Afastai-vos do ataúde; afastai-vos do corpo.

2º cidadão: Demos lugar para Antônio, para o muito nobre Antônio.

Marco Antônio: Agora afastai um pouco mais.

(Ele sabia que essa ordem faria com que todos quisessem chegar ainda mais perto, que era exatamente o que queria que todos fizessem.)

Todos: Afastai-vos; abri lugar; recuai.

Marco Antônio: Se tendes lágrimas, chorai agora. Conheceis este manto. Eu inda lembro a vez primeira em que ele o usou: era tarde de estio; em sua tenda, no mesmo dia em que venceu os nérvios. Vede aqui onde Cássio o feriu, e onde rasgou a inveja de Casca. Aqui o apunhalou o amado Brutus, e quando este puxou para fora a faca, vede o sangue de César a segui-la, assim como se corresse porta afora para ver se o golpe fora do cruel Brutus. Pois esse Brutus, como vós sabeis, era o anjo de César. Vós, ó deuses, julgai quanto César o amava! Essa foi a ferida mais cruel, pois quando César o viu golpeando-o, a ingratidão, mais forte que os traidores, venceu e arrebentou seu coração; e, protegendo o rosto com seu manto, junto à base da estátua de Pompeu, todo em sangue, caiu o grande César. E que queda foi essa, meus patrícios! Pois então vós e eu caímos todos, com o triunfo sangrento da traição. Ora chorais, e eu vejo que sentis dor e piedade. Esse é um belo pranto. Por que chorais se vedes tão apenas as feridas de um manto? Olhai agora, para ver como a traição feriu seu corpo.

(Observe como Marco Antônio usa agora a palavra "traição" com bastante liberdade, pois sabe que está em harmonia com o que está na mente da multidão romana.)

1º cidadão: Ó, visão lamentável!
2º cidadão: Ó, nobre César!
3º cidadão: Ó, dia terrível!
4º cidadão: Ó, traidores, vilões!
1º cidadão: Ó, visão mais sangrenta!
2º cidadão: Nós seremos vingados.

(Se Brutus fosse um homem sábio em vez de um fanfarrão, já estaria muitos quilômetros longe dali a essa altura.)

Todos: Vingança! Agora! Procurai! Queimai! Fogo! Morte! Que não viva um traidor!

(Aqui Marco Antônio dá o passo seguinte para cristalizar o frenesi da multidão para a ação, mas, por ser um vendedor mestre, ele não tenta gerar ação à força.)

Marco Antônio: Calma lá, patrícios.
1º cidadão: Calma! Escutai o nobre Antônio.
2º cidadão: Nós o ouviremos, nós o seguiremos, morreremos junto dele.

(Com essas palavras, Marco Antônio sabe que tem a multidão a seu favor. Observe como ele tira vantagem desse momento psicológico – o momento pelo qual todo vendedor mestre aguarda.)

Marco Antônio: Caros amigos, não desejo levar-vos a uma súbita revolta. Os autores deste ato são honrados. Ignoro as causas particulares que a este extremo os levaram; mas são sábios, todos eles, e honrados, e decerto vos dariam razões do que fizeram. Não vim aqui roubar-vos, meus amigos, o coração. Careço da eloquência de Brutus. Sou um homem franco e simples, como bem o sabeis, que tinha o mérito de amar o seu amigo, o que sabiam perfeitamente quantos permitiram que eu viesse falar dele. Pois é fato: não tenho espírito, valor, palavras, gesto, eloquência e a força da oratória para inflamar o sangue dos ouvintes. Contento-me em falar tal como falo, simplesmente, dizendo-vos apenas o que todos sabeis, e ora vos mostro as feridas do nosso caro César – pobres bocas sem fala! – concitando-as a falarem por mim. Se eu fosse Brutus, sendo ele Antônio, agora aqui teríeis um Antônio capaz de levantar-vos o espírito e em cada uma das feridas de César uma voz pôr, que faria revoltar.

Todos: Revoltemo-nos.

1º cidadão: Queimemos a casa de Brutus.

3º cidadão: Ora, vamos! Vamos em busca dos conspiradores.

Marco Antônio: Ouvi-me, patrícios; ouvi-me falar.

Todos: Calma lá! Ouvi Antônio. Tão nobre Antônio!

Marco Antônio: Amigos, não sabeis o que fazeis. Qual a razão de vosso amor por César? Ah, não sabeis! Pois devo então dizer-vos: vós esquecestes já do testamento.

(Marco Antônio está, agora, pronto para jogar seu trunfo; está pronto para alcançar o clímax. Observe quão bem ele organizou suas sugestões, passo a passo, guardando para o último momento sua afirmação mais importante – aquela com que ele contava para a ação. No grande campo das vendas e na oratória, muitos homens tentam chegar a esse ponto rápido demais, tentam "apressar" a plateia ou o possível comprador, e acabam perdendo o encanto.)

Todos: Verdade. O testamento! Fiquemos para ouvir o testamento.

Marco Antônio: Aqui está ele, e selado por César. Aos cidadãos romanos ele deixa, a cada um, setenta e cinco dracmas.

2º cidadão: Tão nobre César! Nós vingaremos a sua morte.

3º cidadão: Ó, leal César!

Marco Antônio: Ouvi-me com paciência.

Todos: Calma lá!

Marco Antônio: Além disso, deixou-vos seus passeios, seus bosques e pomares mais recentes, nesta margem do Tibre, para vós e vossos filhos, para sempre, para terdes o prazer do recreio ao ar livre. Esse era um César! Quando haverá outro?

1º cidadão: Nunca. Vamos, agora! Queimaremos o corpo dele neste local sagrado, e com os ferretes deitaremos fogo às casas dos traidores. Pegai o corpo.

2º cidadão: Pegai fogo.

3º cidadão: Quebrai bancos.

4º cidadão: Quebrai moldes, janelas, qualquer coisa.

E esse foi o fim de Brutus!

Ele perdeu porque não tinha a personalidade e a razoabilidade para apresentar seu argumento do ponto de vista da multidão romana, como fez Marco Antônio. Toda a sua atitude indicava claramente que ele estava muito contente consigo, que estava contente pelo ato que cometera. Todos nós já vimos pessoas, em nossa época, que lembram um pouco Brutus nesse sentido, mas, se observamos com atenção, reparamos que elas não conseguem realizar muita coisa.

Suponha que Marco Antônio tivesse subido ao palco com toda a pompa e começado sua fala deste jeito: "Deixem-me dizer-lhes, romanos, uma coisa sobre esse homem chamado Brutus: ele é, na verdade, um assassino e...". Ele não teria seguido adiante, pois a multidão o teria arrancado dali aos berros.

Vendedor inteligente e psicólogo astuto que era, Marco Antônio apresentou sua opinião de tal maneira que pareceu se tratar de ideia não dele, nem um pouco, mas da própria multidão de romanos.

Shakespeare foi, de longe, o mais habilidoso psicólogo e escritor que a civilização já conheceu; por esse motivo, todos os seus escritos eram baseados em um conhecimento inequívoco da mente humana. Por todo esse discurso que ele coloca na boca de Marco Antônio, você perceberá quão cuidadosamente ele assumiu a atitude de "vocês", tão cuidadosamente que a multidão de romanos teve certeza de que a decisão que tomou era de fato criação dela.

Devo chamar a sua atenção, contudo, para o fato de que o apelo de Marco Antônio ao interesse pessoal dos romanos foi do tipo ardiloso e baseou-se na abordagem sorrateira com a qual os homens desonestos costumam fazer uso desse princípio, ao apelar à cupidez e à avareza de suas vítimas. Embora Marco Antônio mostrasse, no começo de seu discurso, evidência de ter grande autocontrole ao ser capaz de assumir uma atitude em relação a Brutus que não era verdadeira, ao mesmo tempo fica claro que todo o seu apelo foi baseado em seu conhecimento acerca de como influenciar as mentes dos romanos por meio da lisonja. Muito similar à senhora que veio ao meu escritório, mas em um palco muito maior, Marco Antônio desenvolveu uma personalidade vencedora ao entender a natureza e o caráter daqueles a quem ele queria influenciar.

Agora voltemos a atenção para o estudo dos muitos modos e maneiras com os quais uma pessoa pode desenvolver uma personalidade agradável.

Comecemos pelo primeiro item essencial, que é o caráter, pois ninguém poderá ter uma personalidade agradável sem a fundação que é um caráter sólido e positivo. No primeiro encontro, você "telegrafa" a natureza do seu caráter para aqueles com quem entra em contato, algo que é responsável pelo que você em geral chama de sensação de "intuição" de que a pessoa que acabou de conhecer, mas de quem não sabia muita coisa, não era lá muito confiável.

Você pode até se embelezar com roupas do modelo mais belo e moderno, e comportar-se do modo mais agradável no que diz respeito às aparências, mas, se existe ganância, inveja, ódio, ciúme, avareza e egoísmo no seu coração, você jamais atrairá ninguém, exceto quem tem o caráter que se harmoniza com o seu. Os iguais se atraem, e você pode ter certeza, portanto, de que aqueles que são atraídos por você são pessoas cuja natureza interior é similar à sua.

Você pode se embelezar com um sorriso artificial que disfarce seus sentimentos, e pode praticar a arte de dar a mão para que possa imitar, perfeitamente, o aperto de mão de uma pessoa que é adepta dessa arte, mas, se essas manifestações exteriores de personalidade atraente não tiverem o fator principal chamado honestidade de intenção, elas vão repelir em vez de atrair.

Como, então, a pessoa pode construir o caráter?

O primeiro passo para construir seu caráter é ter uma rígida autodisciplina.

Controle seus pensamentos e mantenha a mente vitalizada com pensamentos de natureza positiva. Deixe que o pensamento dominante da sua mente seja uma imagem da pessoa que você pretende se tornar: a pessoa que você está deliberadamente construindo por meio desse procedimento.

Encontre pelo menos uma pessoa todos os dias – e mais, se possível – em quem você veja alguma qualidade boa que valha a pena elogiar, e elogie. Lembre-se, contudo, de que esse elogio não deve ser de natureza barata, de lisonja fingida; deve ser genuíno. Fale suas palavras de elogio com tanta honestidade que elas impressionem aqueles para quem você as diz; depois observe o que acontecerá. Você terá feito àqueles a quem elogia um gesto benéfico de grande valor para eles, e terá dado mais um passo na direção de desenvolver o hábito de procurar e encontrar boas qualidades nos outros. Não há como enfatizar ainda mais os abrangentes efeitos desse hábito de elogiar, aberta e entusiasmadamente, as boas qualidades dos outros, pois esse hábito logo vai recompensá-lo com uma sensação de respeito próprio e a manifestação da gratidão dos outros, que modificará toda a sua personalidade. Aqui, mais uma vez, entra a lei da atração, e aqueles a quem você elogia verão em você as qualidades que você vê neles. O sucesso de sua aplicação dessa fórmula será exatamente proporcional a quanto você acredita na efetividade dela.

Agora, vamos delinear os fatores principais que atuam no desenvolvimento de uma personalidade atraente, que são os seguintes.

Formar o hábito de interessar-se por outras pessoas, e fazer questão de encontrar as boas qualidades delas e falar dessas em termos elogiosos.

Desenvolver a habilidade de falar com força e convicção, tanto no tom que se usa em uma conversação comum, do dia a dia, quanto em reuniões nas quais você precise usar mais volume.

Vestir-se com um estilo que valorize o seu tipo físico e seja adequado ao trabalho que você realiza.

Aprender a apertar a mão dos outros de modo que expresse carinho e entusiasmo por meio dessa maneira de cumprimentar.

Atrair os outros a você inicialmente "atraindo a si mesmo" para eles.

Lembrar-se de que sua única limitação, dentro do razoável, é aquela que você mesmo cria na sua própria mente.

Existe um grande poder de atração por trás da pessoa que tem um caráter positivo, e esse poder se expressa por meios não vistos tanto quanto pelos visíveis. No momento em que você chega perto de uma pessoa para que possa falar, ainda que nem uma palavra seja dita, a influência desse "poder interior invisível" se faz sentir.

Cada transação duvidosa de que você participa, cada pensamento negativo que você pensa, cada ato destrutivo que você se permite fazer destrói muito dessa "matéria sutil" que existe dentro de você, que é conhecida como caráter.

"Existe confissão total no perpassar de nossos olhares; em nossos sorrisos; nas saudações; no tocar das mãos. Seu pecado o marca, desfigura toda a sua boa impressão. Os homens não sabem por que não confiam nele, mas apenas não confiam nele. Seu vício torna vítreos seus olhos, avilta-lhe as faces, aperta o nariz, faz a marca da besta na nuca, e escreve 'Ó, tolo, tolo!' na testa de um rei" (Emerson).

Adquira o hábito de fazer-se agradável e você terá lucro tanto material quanto mental, pois jamais será tão feliz quanto quando souber que está fazendo os outros felizes.

Pare de guardar mágoa e não fique desafiando os outros a entrar em discussões desnecessárias. Retire os óculos escuros através dos quais você enxerga o que acredita ser a tristeza da vida e contemple a luz brilhante da amizade em todo o seu esplendor. Jogue fora o martelo e pare de ficar martelando, pois certamente você sabe que os maiores prêmios da vida vão para quem constrói, e não para quem destrói.

A arte de ser agradável, apenas esse único traço, é a própria fundação de todo negócio de sucesso.

Dirijo meu carro quase dez quilômetros para fora da cidade para abastecer, apesar de que poderia fazer isso em um posto que fica a duas quadras da minha casa, porque o homem que gerencia o posto de gasolina é um artista; ele faz questão de ser agradável. Vou até lá não porque a gasolina é mais barata, mas porque aprecio o efeito vitalizante da personalidade agradável dele!

Compro sapatos na Regal Shoe Store, na esquina da Rua 50 com a Broadway, em Nova York, não porque não consigo encontrar outros sapatos bons com o mesmo preço, mas porque o Sr. Cobb, o gerente dessa loja da Regal, tem uma personalidade atraente. Enquanto vou provando sapatos, ele faz questão de conversar comigo sobre assuntos que sabe que são importantes para mim.

Faço todas as operações de banco no Harriman National, na esquina da Rua 44 com a Quinta Avenida, não porque não existe um monte de outros bons bancos que ficam muito mais perto da minha empresa, mas porque os bancários, os funcionários do caixa e o segurança do *lobby*, bem como o Sr. Harriman e todas as outras pessoas com quem tenho contato fazem questão de ser agradáveis. Minha conta é pequena, mas eles me recebem como se ela fosse enorme.

Você pode até ganhar, por certo tempo, sendo cruel e sorrateiro; pode obter mais de tudo que existe de bom neste mundo e de que você precisa por força pura ou estratégia direta, sem se preocupar ou dar-se o trabalho de ser agradável. Contudo, mais cedo ou mais tarde, chegará a um momento na vida em que sentirá as pontadas de remorso e o vazio do seu bolso cheio.

Nunca penso em poder, posição e riqueza que foram obtidos por força sem que sinta, muito profundamente, a sensação expressa por um homem, cujo nome não ouso mencionar, quando estava diante do túmulo de Napoleão: “Pouco tempo atrás, estive diante da sepultura do falecido Napoleão – um magnífico túmulo feito de ouro, quase digno de uma deidade morta – e vi o sarcófago de um mármore raro e sem nome onde descansam finalmente as cinzas daquele homem agitado. Reclinei sobre a balaustrada e pensei na carreira do mais grandioso soldado do mundo moderno. Vi-o em Toulon. Vi-o caminhando às margens do Sena, contemplando o suicídio. Vi-o pondo abaixo a multidão nas ruas de Paris. Vi-o no *front* do exército na Itália. Vi-o atravessando a ponte em Lodi com as três cores na mão. Vi-o no Egito, sob as sombras das pirâmides; vi-o conquistar os Alpes e misturar as águias da França com as águias dos penhascos. Vi-o em Marengo, em Ulm e em Austerlitz. Vi-o na Rússia, quando a infantaria da neve e a cavalaria do vendaval assolaram suas legiões como folhas ressequidas pelo inverno. Vi-o em Leipsic, em derrota e desastre – escorraçado por um milhão de baionetas de volta a Paris – preso feito uma fera selvagem – banido para Elba. Vi-o escapar e retomar um império pela força de sua genialidade. Vi-o no temível campo de Waterloo, onde acaso e destino combinaram-se para arruinar a sorte de seu antigo rei. E o vi em Santa Helena, com as mãos cruzadas atrás de si, observando um mar triste e solene.

"Pensei nas viúvas e nos órfãos que ele fizera, nas lágrimas que foram derramadas por sua glória, e na única mulher que um dia o amou, afastada de seu coração pela mão fria da ambição. E disse que eu preferia ter sido um plebeu francês e usado sapatos de madeira; preferia ter vivido em uma cabana com uma vinha crescendo por sobre a porta, e as uvas crescendo arroxeadas sob os beijos amorosos do sol do outono; preferia ter sido esse pobre camponês, com minha esposa ao meu lado, fazendo tricô enquanto o sol descia no céu; preferia ter sido esse homem e descido ao

> Napoleon Hill colocou muita ênfase no desenvolvimento da personalidade agradável. Ele deu uma lista de traços que levam a uma personalidade agradável, e eu peço a você que estude essa lista e melhore as áreas em que você está em carência.
>
> – **Don M. Green**
> Diretor-executivo, executivo-chefe e curador.

silêncio dos sonhos, do que ter sido essa imperial personificação da força e do assassínio conhecida como Napoleão, o Grande."

Deixo com você, como o clímax mais adequado para este capítulo, a reflexão dessa eterna dissertação sobre um homem que viveu pela espada da força e morreu uma morte vergonhosa, forasteiro aos olhos de seus conterrâneos, mácula na memória da civilização, um fracasso porque... não adquiriu a arte de ser agradável.

Porque nunca foi capaz de subordinar o "eu" pelo bem de seus seguidores.

LIÇÃO ONZE

PENSAMENTO PRECISO

"Você consegue fazer se acreditar que consegue!"

Este capítulo é, ao mesmo tempo, o mais importante, o mais interessante e o mais difícil de apresentar neste livro sobre *As leis do sucesso: as 16 lições práticas de Napoleon Hill.*

É importante porque ele lida com um princípio que percorre o livro todo. É interessante pelo mesmo motivo. É difícil de apresentar porque vai conduzir o leitor para muito além do limite de suas experiências comuns, para uma área do pensamento que ele não está acostumado a visitar.

Pensar com exatidão envolve dois fundamentos que todos que nele se engajam devem observar. Primeiro, para pensar com exatidão, você precisa separar os fatos da mera informação. Existe muita "informação" disponível para você que não foi baseada em fatos. Segundo, você precisa separar os fatos em duas classes: a saber, os importantes e os não importantes, ou os relevantes e os irrelevantes.

Todos os fatos que você pode usar para alcançar o seu objetivo principal definido são importantes e relevantes; todos que não pode usar, não são importantes, são irrelevantes. É principalmente a negligência de fazer essa distinção que causa o abismo que separa tão amplamente as pessoas que parecem ter habilidade equivalente e aquelas que tiveram oportunidades iguais. Sem sair do seu círculo de conhecidos, você pode apontar uma ou mais pessoas que não tiveram maiores oportunidades do que você teve e que parecem não ter mais – talvez tenham até menos – habilidade que você e que estão alcançando sucesso muito maior.

E você ainda fica se perguntando por quê!

Analise com diligência e você perceberá que todas são pessoas que adquiriram o hábito de combinar e usar os fatos importantes que afetam sua linha de trabalho. Muito ao contrário de trabalhar mais duro do que você, talvez elas estejam trabalhando menos e com mais tranquilidade. Em virtude de terem aprendido o segredo de separar os fatos importantes dos não importantes, elas providenciaram para si mesmas uma espécie de fulcro ou alavanca com os quais conseguem mover, com seus dedinhos, cargas que você não consegue empurrar nem com o peso inteiro do corpo.

Para que você possa entender a importância de distinguir entre fatos e mera informação, estude o tipo de homem que é guiado inteiramente por aquilo que ouve – o tipo que é influenciado por todos os "ventos sussurrantes da fofoca"; que aceita, sem análise, tudo que lê nos jornais e julga os outros pelo que os inimigos, concorrentes e contemporâneos dizem sobre eles.

Pesquise no seu círculo social e escolha um desse tipo como exemplo para ter em mente enquanto estivermos neste assunto. Observe que esse homem em geral começa uma conversa com alguma expressão como: "Vi nos jornais" ou "dizem que". Quem pensa com exatidão sabe que os jornais nem sempre têm razão naquilo que reportam, e também sabe que esse "dizem que" em geral traz mais falsidade que verdade. Se você ainda não se destacou dessa classe do "Vi nos jornais" e "dizem que", ainda tem muito que percorrer para se tornar alguém que pensa com exatidão. Claro que muita verdade e muitos fatos viajam sob o disfarce de fofoca comum e reportagens de jornal, mas quem pensa com exatidão não aceitará como tal tudo que vê e ouve por aí.

Na área do procedimento legal, existe um princípio que é chamado de lei da evidência, e o objeto dessa lei é chegar aos fatos. Qualquer juiz pode proceder com justiça para todos os envolvidos se tiver os fatos sobre os quais basear seu julgamento, mas ele pode causar um verdadeiro caos com pessoas inocentes se passar por cima da lei da evidência e chegar a uma conclusão ou julgamento baseado em informações imprecisas.

Por mais que gere arrependimento, é verdade que a maioria do que se pensa hoje, longe de ser precisa, é baseada somente no fundamento da conveniência. O estudante mais avançado do pensamento exato fica admirado com quantas pessoas existem que são "honestas" quando é pelo próprio lucro, mas encontram uma miríade de fatos para justificar-se ao tomar medidas desonestas quando tais medidas parecem mais lucrativas ou vantajosas.

Sem dúvida, você conhece alguém que é desse jeito.

Quem pensa com exatidão adota um padrão pelo qual se guia, e segue esse padrão o tempo todo, tanto se sempre funciona para sua vantagem imediata quanto se o conduz, vez por outra, pelos campos da desvantagem (como sem dúvida fará).

Aquele que pensa com exatidão tem um padrão segundo o qual se comporta em suas relações com o outros, e esse padrão é por ele observado tão fielmente quando lhe traz desvantagem temporária como quando lhe traz incrível vantagem; pois, por pensar com exatidão, ele sabe que, pela lei das médias, no mínimo ele vai recobrar, em algum momento, aquilo que perdeu ao empregar seu padrão, mesmo em detrimento próprio, por certo tempo.

Na busca pelos fatos, costuma ser necessário reuni-los pela fonte única que são o conhecimento e a experiência dos outros. Depois, passa a ser necessário examinar com cuidado tanto a evidência fornecida quanto a pessoa de quem vem a evidência – e quando essa evidência é de tal natureza que afeta o interesse da testemunha que a forneceu, haverá motivo para escrutiná-la com muito mais cautela, visto que testemunhas que têm interesse pela evidência que estão fornecendo costumam ceder à tentação de colorir e perverter os dados para proteger esse interesse.

Se um homem calunia outro, seus comentários deveriam ser aceitos, se tiverem algum peso, com pelo menos um pouco de cautela, pois é uma tendência comum do ser humano não enxergar nada além do mal naqueles de quem não gosta. O homem que adquiriu o grau do pensamento preciso que lhe permite falar de seu inimigo sem exagerar em suas falhas e minimizar suas virtudes é a exceção, e não a regra.

Antes que possa começar a pensar com exatidão, você precisa entender e ter sempre em mente o fato de que, no instante em que um homem ou uma mulher começa a assumir liderança em qualquer ramo, os caluniadores começam a circular "rumores" e sussurros sutis acerca do caráter da pessoa.

Por mais correto que seja o caráter de alguém ou o serviço que ele se aplica a prestar para o mundo, não pode evitar ser notado por pessoas perdidas que se regozijam em destruir, em vez de construir. Os inimigos políticos de Lincoln circularam a notícia de que ele vivia com uma mulher de cor. Os inimigos políticos de Washington divulgaram relato similar acerca dele. Visto que Lincoln e Washington eram ambos sulistas, a história foi, sem dúvida, considerada por aqueles que a divulgaram como, ao mesmo tempo, a mais adequada e degradante que podiam ter imaginado.

Quando Woodrow Wilson retornou de Paris com o que acreditava ser um ótimo plano para abolir a guerra e pôr abaixo as disputas internacionais, todos, exceto aquele que pensava com exatidão, foram levados a crer, pelo ecoar das histórias do "dizem que", que ele era uma combinação de Nero com Judas Iscariotes. Políticos menores, políticos comuns, políticos subornados e os ignorantes, todos que não pensavam por conta própria, se juntaram todos em um poderoso grito com o intuito de destruir o único homem na história do mundo que surgiu com um plano para abolir a guerra.

O objetivo dessas referências não é elogiar gente que não tem grande necessidade de ser elogiada, mas sim direcionar sua atenção para o fato de que evidências do "dizem que" deveriam ser sempre alvo de atencioso escrutínio, principalmente quando são de natureza negativa ou destrutiva. Pouco dano poderia ser causado ao aceitar como fato evidências que você ouviu por aí que sejam do tipo construtivo; mas seu oposto, para que seja aceito, deveria ser submetido à mais atenciosa inspeção possível pelos meios disponíveis de aplicação da lei da evidência.

Muitos homens foram derrotados porque, devido a preconceito e ódio, subestimaram as virtudes de seus inimigos ou concorrentes. Os olhos daquele que pensa com exatidão enxergam os fatos – não as ilusões do preconceito, do ódio, da inveja.

A pessoa que pensa com exatidão deve ter o espírito generoso de ser justa o bastante (consigo, pelo menos) para procurar virtudes tanto quanto falhas nas outras pessoas – pois não é sem razão supor que todos os homens devem ter um pouco dessas qualidades.

Com a suposição de que essas "dicas" são suficientes para gravar na sua mente a importância de procurar fatos até você ter um mínimo de certeza de que os encontrou, passaremos para a parte de organizar, classificar e usar esses fatos.

O homem que sabe que está lidando com fatos se lança na sua tarefa com uma sensação de autoconfiança que lhe permite evitar temporizar, hesitar ou esperar até que tenha certeza do que está fazendo. Ele sabe de antemão qual será o resultado de seus esforços; portanto, age mais rapidamente e alcança mais do que o homem que precisa "tatear pelo caminho", por não ter certeza de estar ou não lidando com fatos.

O homem que aprendeu as vantagens de procurar os fatos como fundamento do seu pensar já está muito adiantado no desenvolvimento do seu pensamento preciso, mas aquele que aprendeu a separar fatos em importantes e não importantes foi ainda mais adiante. Este pode ser comparado ao homem que usa um martinete e, portanto, consegue, com um só golpe, um resultado muito maior que aquele que o outro, que usa um martelo comum, obtém com dez mil marteladas.

Vamos analisar, brevemente, alguns homens que fizeram questão de lidar com fatos importantes ou relevantes para a sua área de atuação.

Considerando que esta é uma era em que o dinheiro é visto como a mais concreta prova de sucesso, vamos estudar um homem que acumulou talvez muito mais do que qualquer outro na história deste mundo – John D. Rockefeller.

O Sr. Rockefeller tem uma qualidade que se destaca, como uma estrela brilhante, por sobre todas as suas outras qualidades: é seu hábito de lidar somente com os fatos relevantes para a sua área de atuação. Quando era um jovem rapaz (e um jovem rapaz muito pobre, a propósito), o Sr. Rockefeller adotou como objetivo principal definido acumular grande riqueza. Existem aqueles que dizem que o Sr. Rockefeller nem sempre foi justo com seus concorrentes. Isso pode ou não ser verdade (como pessoas que pensam com exatidão, não vamos tocar nessa questão), mas ninguém (nem mesmo os concorrentes) jamais acusou o Sr. Rockefeller de formar opinião apressada ou de subestimar a força da concorrência. Ele não somente organizava fatos que afetavam seus negócios, sempre e onde quer que os encontrasse, como também fazia questão de procurar até ter certeza de tê-los encontrado.

Thomas A. Edison é mais um exemplo de homem que alcançou a grandiosidade por meio da organização, da classificação e do uso de fatos relevantes. O Sr. Edison trabalha com as leis naturais como seus meios principais; portanto, ele precisa ter certeza dos fatos antes que possa aplicar as leis. Toda vez que você apertar um botão e acender uma luz elétrica, lembre-se de que foi a capacidade do Sr. Edison de organizar fatos relevantes que tornou isso possível.

Toda vez que você ouvir um fonógrafo, lembre-se de que o Sr. Edison é o homem que tornou isso possível, por meio de seu hábito persistente de lidar com fatos relevantes.

Toda vez que você ver um filme, lembre-se de que ele nasceu do hábito do Sr. Edison de lidar com fatos relevantes e importantes.

A questão que surge agora é o que constitui um fato importante e relevante.

A resposta depende inteiramente do que constitui seu objetivo principal definido na vida, pois um fato importante e relevante pode ser qualquer fato que você pode usar, sem interferir nos direitos dos outros, no esforço para alcançar esse propósito. Todos os outros fatos, no que diz respeito a você, são supérfluos e de menor importância, no mínimo.

A mente merece a mais minuciosa análise possível neste capítulo, porque a mente é a energia com a qual todo pensamento é feito. Para aprender a pensar com exatidão, aprendizado esse que é o único objetivo deste capítulo, você precisa entender muito bem algumas coisas.

Primeiro: a mente pode ser controlada, guiada e direcionada para fins criativos e construtivos.

Segundo: a mente pode ser direcionada para fins destrutivos e pode, voluntariamente, rasgar e destruir, a não ser que seja, com planejamento e deliberação, controlada e direcionada para ser construtiva.

Terceiro: a mente tem poder sobre cada célula do corpo e pode ser forçada a fazer cada célula cumprir sua função perfeitamente, ou pode, por negligência ou direcionamento incorreto, destruir os propósitos normais de funcionamento de quaisquer ou todas as células.

Quarto: toda realização do homem é resultado do pensamento, tendo o corpo físico menor importância, e em muitas situações importância alguma, exceto a de ser o local que abriga a mente.

Quinto: as maiores de todas as conquistas, na literatura, na arte, nas finanças, na indústria, no comércio, nos transportes, na religião, na política ou nas descobertas científicas, costumam ser resultado de ideias concebidas no cérebro de um homem, mas na verdade transformadas em realidade por outros homens, pelo uso combinado de suas mentes e corpos (a concepção de uma ideia é de maior importância que a transformação dessa ideia em forma mais material, porque relativamente poucos homens conseguem conceber ideias úteis, enquanto há centenas de milhões que podem desenvolver uma ideia e dar-lhe forma material depois que ela foi concebida).

Sexto: a maioria de todos os pensamentos concebidos na mente dos homens não é correta, sendo mais da natureza da "opinião" ou do "julgamento apressado".

O valor de adotar um objetivo principal

Este capítulo sobre pensamento preciso não somente descreve o propósito real de um objetivo principal definido, como também explica, em termos simples, os princípios pelos quais esse objetivo ou propósito pode ser alcançado. Primeiro, criamos o objetivo que queremos alcançar, usando a faculdade imaginativa da mente, depois, transferimos um contorno desse objetivo para o papel, escrevendo uma afirmação definida, sob a natureza de um objetivo principal definido. Referindo-se diariamente a essa afirmação por escrito, a ideia ou o objetivo almejado é fisgado pela mente consciente e entregue à mente subconsciente, que, por sua vez, direciona as energias do corpo para transformar o desejo e dar-lhe forma material.

Desejo

O desejo é a semente de toda realização, o ponto inicial por trás do qual não existe nada, ou pelo menos não existe nada de que temos conhecimento.

Um objetivo principal definido não teria sentido se não fosse baseado em um desejo forte e bem assentado por aquilo que se busca alcançar. Muitas pessoas "querem" um monte de coisas, mas esse querer não é o equivalente de um forte desejo, portanto, o querer tem pouco ou nenhum valor, a não ser que seja cristalizado em uma forma mais definida de desejo.

Pessoas que devotaram anos ao estudo desse tema acreditam que toda energia e matéria espalhadas pelo universo respondem à lei de atração e são controladas por ela, que faz com que elementos e forças de natureza similar se juntem em torno de certos centros de atração.

É pela operação dessa mesma lei da atração que o desejo constante, forte e firmemente assentado atrai o equivalente ou duplicata física do objeto desejado, ou os meios para a sua obtenção.

A partir do dia em que você tomar uma decisão definida na sua mente quanto ao objeto preciso, a condição ou a posição na vida que você deseja profundamente, você observará, se ler livros, jornais e revistas, que notícias importantes e outros dados relevantes para alcançar seu objetivo principal definido começarão a chamar a sua atenção; você observará, também, que começarão a chegar até você oportunidades que, caso sejam abraçadas, vão levá-lo cada vez mais para perto do objetivo desejado.

O grande Disraeli dizia: "Levei a mim mesmo, por meio de longa meditação, à convicção de que um ser humano que tem um propósito definido deve alcançá-lo, e que nada pode resistir a uma vontade que colocará até a existência em jogo em prol dessa realização".

Sir John Simpson dizia: "Um desejo apaixonado e uma vontade incansável podem alcançar o impossível, ou o que pode parecer como tal para aqueles que são frios, tímidos e frágeis".

E John Foster acrescenta seu depoimento quando diz: "É incrível como até as casualidades da vida parecem curvar-se para um espírito que não se curvará a elas e ceder à subserviência de um projeto que elas poderiam, em sua aparente tendência inicial, ameaçar frustrar. Quando um espírito firme e decidido é reconhecido, é curioso ver como um círculo se abre em torno de um homem e lhe dá espaço e liberdade".

Abraham Lincoln disse, sobre o general Grant: "O que há de melhor em Grant é sua calma persistência no propósito; ele não se abala facilmente, e tem uma mordida de buldogue. Uma vez que ele fincou os dentes, nada pode livrar-se dele".

Parece apropriado afirmar aqui que um desejo forte, para que seja transformado em realidade, deve ser sustentado por persistência até ser tomado pela mente subconsciente. Não é suficiente sentir muito profundamente o desejo pela realização de um objetivo principal definido por algumas horas ou alguns dias para depois esquecer completamente esse desejo. O desejo deve ser incutido na mente e mantido ali, com persistência que jamais seja derrotada, até que a mente automática ou subconsciente tome conta dele. Até esse ponto, você precisa dar sustentação ao desejo e instigá-lo; além desse ponto, é o desejo que vai sustentar você e motivá-lo à realização.

A persistência pode ser comparada à gota de água que finalmente derruba a mais pesada pedra. Quando o capítulo final de sua vida tiver sido completado, você verá que a sua persistência, ou a falta dessa valiosa qualidade, exerceu parte importante no seu sucesso ou no seu fracasso.

Este autor viu o confronto de Tunney e Dempsey em um ringue de boxe em Chicago. Ele também estudou os fatores psicológicos que levaram e circundaram o embate anterior. Duas coisas ajudaram Tunney a derrotar Dempsey em duas ocasiões, apesar do fato de que Dempsey é o mais forte dos dois e, como muitos acreditam, o melhor lutador.

E essas duas coisas que selaram o destino de Dempsey foram, primeiro, sua falta de autoconfiança – o medo de que Tunney poderia vencer – e, segundo, a total autoconfiança de Tunney e a crença de que acabaria com Dempsey.

Tunney subiu no ringue com o queixo para o alto, uma atmosfera de segurança e certeza evidente em cada movimento. Dempsey entrou com um andar meio incerto, olhando para o oponente com uma expressão que questionava claramente: "O que será que você vai fazer comigo?".

Dempsey tinha sido arrasado dentro da própria mente antes mesmo de entrar no ringue. Agentes da imprensa e da propaganda tinham feito esse truque graças à habilidade de pensar superior do oponente, Tunney.

E assim segue a história, desde a mais baixa e brutal das ocupações, a de lutador, até a mais sofisticada e venerada das profissões. O sucesso é alcançado pelo homem que entende como usar o poder do pensamento.

Pensamento preciso é o pensar que faz uso inteligente de todos os poderes da mente humana, e ele não para com o mero exame, classificação e arranjo de ideias. O pensamento preciso cria ideias e é capaz de transformar essas ideias em sua forma mais lucrativa e construtiva.

Os pensamentos são concretos.

Todo pensamento é criativo! Contudo, nem todo pensamento é construtivo ou positivo. Se você tiver pensamentos de tristeza e pobreza e não enxergar um jeito de evitar essas condições, seus pensamentos criarão essas mesmas condições e o amaldiçoarão com elas. Porém, basta reverter a ordem e ter pensamentos de natureza positiva e esperançosa para que seus pensamentos criem essas condições.

> Não há como saber o que os pensamentos farão
> Ao trazer-lhe ódio ou amor;
> Pois os pensamentos são concretos, e suas leves asas
> São mais ligeiras que pombos-correios.
> Eles seguem a lei do universo –
> Cada coisa deve criar o seu tipo,
> E eles se apressam em trazer de volta
> Tudo aquilo que saiu da sua mente.[4]

– **Ella Wheeler Wilcox**

4. Tradução nossa.

Você tem o poder de controlar seus pensamentos, e cabe a você, então, a responsabilidade de que seus pensamentos sejam do tipo positivo ou negativo – o que traz à mente um dos mais famosos poemas do mundo, "Invicto":

Dessa noite que me encobre,
Desse breu de lado a lado,
Eu agradeço a qualquer deus
Por minha alma insubjugável.

Nas garras terríveis do acaso,
Não chorei nem me desesperei.
Sob esse açoitar da sorte,
A cabeça, que sangra, não curvei.

Além deste lugar de dor e choro
Espreita da sombra o horror,
E, no entanto, a ameaça do tempo
Encontra, mas a mim sem temor.

Por pior que seja o passo,
Tão castigada a caminhada,
Sou o mestre do meu fado,
O capitão da minha alma.[5]

– **William Ernest Henley**

5. Tradução nossa.

Você é o "mestre do seu destino" e o "capitão da sua alma", pelo motivo de que você controla seus pensamentos e, com a ajuda dos seus pensamentos, pode criar qualquer coisa que desejar.

Conforme nos aproximamos do encerramento deste capítulo, vamos abrir a cortina que pende sobre o portão chamado morte e dar uma olhada no reino do além. Eis um mundo povoado de seres que funcionam sem a necessidade de corpos físicos. Olhe mais de perto e, por bem ou por mal, repare que você está vendo um mundo povoado por seres da sua própria criação, que correspondem exatamente à natureza dos seus pensamentos, como os expressou antes de morrer. Lá estão eles, os filhos do seu coração, da sua mente, criados segundo a imagem dos seus pensamentos.

Os que foram criados do ódio, da inveja, do ciúme, do egoísmo e da injustiça com o próximo não serão vizinhos muito agradáveis, mas você precisará conviver com eles mesmo assim, pois eles são seus filhos, e você não pode rejeitá-los.

Será uma infelicidade, de fato, se você constatar que não teve filhos nascidos do amor, da justiça, da verdade e da bondade com os outros.

Sob a luz dessa sugestão alegórica, o tema do pensar com exatidão toma todo um novo e muito mais importante aspecto, não é mesmo?

Se existe a possibilidade de que cada pen-

> O pensamento preciso é difícil de desenvolver, mas é um dos mais importantes princípios de sucesso. Para pensar com precisão, você deve primeiro separar fatos de ficção e os fatos importantes dos não importantes.
>
> – **Don M. Green**
> Diretor-executivo, executivo-chefe e curador.

samento que você emite durante esta vida possa apresentar-se, sob a forma de uma criatura viva, para cumprimentá-lo após a morte, então ninguém precisa de mais motivos para proteger todos os seus pensamentos com mais cuidado do que você protegeria a comida com que alimenta seu corpo físico.

A verdade que o homem está sempre buscando está presente em seu próprio ser; portanto, é inútil procurar muito longe, nas intempéries da vida ou no coração das outras pessoas, para encontrá-la. Fazer isso não o leva nem um pouco mais para perto daquilo que está procurando; na verdade, acaba por afastá-lo mais ainda.

LIÇÃO DOZE

CONCENTRAÇÃO

"Você consegue fazer se acreditar que consegue!"

Este capítulo ocupa uma posição especial neste livro, pois a lei psicológica sobre a qual ele se baseia é de importância vital para todos os outros capítulos do curso.

Vamos definir o termo "concentração", como é usado aqui, da seguinte maneira: "A concentração é o ato de focar a mente em um dado desejo até que modo e meios para a sua realização tenham sido definidos e colocados em funcionamento com sucesso".

A lei do hábito governa o ato de concentrar a mente em um dado desejo.

O hábito cresce do ambiente – de fazer a mesma coisa do mesmo jeito várias e várias vezes, da repetição, de ter os mesmos pensamentos repetidas vezes – e, uma vez formado, lembra muito um bloco de cimento que endureceu dentro do molde, no sentido de que é difícil de quebrar.

Exceto em raras ocasiões, em que a mente se eleva acima do ambiente, a mente humana retira o material do qual o pensamento é criado do ambiente circundante, e o hábito cristaliza esse pensamento em um acessório permanente e o aloja na mente subconsciente, onde ele se torna parte vital da nossa personalidade, que silenciosamente influencia as nossas atitudes, forma nossos preconceitos e vieses e controla as nossas opiniões.

O hábito pode ser comparado às ranhuras de um disco, enquanto a mente pode ser comparada à agulha que entra nessa ranhura. Sempre que um hábito for bem formado (pela repetição, pensamento ou ação), a mente se agarra a ele e segue esse hábito tão de perto quanto a agulha acompanha a ranhura do disco, seja qual for a natureza desse hábito.

Começamos a ver, então, a importância de selecionar nosso ambiente com o maior cuidado, porque o ambiente é o campo mental do qual é extraído o alimento que nutre as nossas mentes.

O hábito é uma força geralmente reconhecida pela pessoa que tem um pensamento mediano, mas normalmente é visto sob seu aspecto adverso, excluído de sua fase favorável. Diz-se muito corretamente que todos os seres humanos são "criaturas de hábito" e que "o hábito é um cabo; tecemos um filamento dele a cada dia, e ele fica tão forte que não podemos mais rompê-lo".

Se é verdade que o hábito se torna um tirano cruel, que governa e comanda os homens contra sua vontade, desejo e inclinação – e isso é fato, em muitos casos –, naturalmente surge a questão quanto à possibilidade de essa poderosa força poder ser reunida e controlada para servir ao homem, assim como outras forças da natureza. Se esse resultado pode ser obtido, o homem pode dominar o hábito e colocá-lo para trabalhar, em vez de ser escravo dele e servi-lo fielmente, embora com relutância. Os psicólogos modernos nos dizem, em termos muito claros, que o hábito pode certamente ser assim dominado, aproveitado e posto para trabalhar, em vez de se permitir que domine atitudes e caráter. E milhares de pessoas já aplicaram esse novo conhecimento, viraram a força do hábito para novos canais e o puseram para colocar seu maquinário em ação.

O hábito é uma "trilha mental" por onde nossas ações viajaram por algum tempo, cada passo deixando essa trilha um pouco mais profunda e larga. Se você tivesse de atravessar um campo ou uma floresta, sabe quão natural seria escolher a passagem mais livre, em vez das que são menos usadas, e mais ainda em vez de sair pisoteando por entre o mato ou em meio às árvores para abrir uma trilha nova. E a linha de ação mental é precisamente a mesma. É esse movimento ao longo de linhas de menor resistência – é passar pela trilha gasta. Os hábitos são criados por repetição e formados de acordo com uma lei natural, observada em todas as coisas animadas, e alguns diriam que até nos objetos inanimados. Como exemplo desse último caso, aponta-se que uma folha de papel, uma vez dobrada de certa maneira, será facilmente dobrada ao longo das mesmas linhas na próxima vez. E todas as pessoas que usam máquinas de costura, ou outros tipos de maquinários delicados, sabem que, uma vez que a máquina ou o equipamento "abriu caminho", nesse mesmo sentido ele tenderá a correr. A mesma lei é também observada no caso dos instrumentos musicais. Roupas e luvas criam vincos de acordo com a pessoa que as usa, e esses vincos, uma vez formados, sempre estarão ali, não obstante elas sejam repetidamente passadas a ferro. Rios e cursos de água abrem caminho pela terra e doravante fluem ao longo do fluxo habitual. Essa lei está em operação em todo lugar.

Esses exemplos o ajudarão a formular a ideia da natureza do hábito e a criar novas trilhas mentais – novos vincos mentais. E – lembre-se sempre disto – o melhor jeito (e há quem diga que é o único) de remover hábitos antigos é formar novos hábitos para contrapor e substituir os indesejados. Forme novas trilhas mentais pelas quais passar, e as antigas logo ficarão menos aparentes e, com o tempo, praticamente desaparecerão com o desuso. Toda vez que você percorre a trilha do hábito mental desejado, torna essa trilha mais profunda e larga, e fica muito mais fácil percorrê-la daí em diante.

A seguir, vejamos as regras do procedimento pelo qual você poderá formar os hábitos que desejar.

Primeiro: no início da formação de um novo hábito, coloque força e entusiasmo na sua expressão. Lembre-se de que você está dando os primeiros passos na formação da nova trilha mental, e que é muito mais difícil no começo do que será mais adiante. Faça a trilha ser a mais clara e profunda possível no começo, para poder enxergá-la prontamente na próxima vez que quiser trilhá-la.

Segundo: mantenha a atenção firmemente concentrada na nova trilha que está construindo, e mantenha a mente longe das trilhas antigas, para não escorregar para perto delas. Esqueça tudo sobre as trilhas antigas e preocupe-se somente com as novas que está construindo agora.

Terceiro: percorra suas recém-formadas trilhas o mais frequentemente possível. Crie oportunidades para fazer isso; não espere que elas surjam por sorte ou acaso. Quanto mais você percorre essas novas trilhas, mais cedo elas se tornam bem assentadas e fáceis de percorrer. Crie planos para percorrer essas trilhas mais recentes logo no começo.

Quarto: certifique-se de que você mapeou a trilha correta como seu objetivo principal definido e vá em frente, sem medo e sem se permitir ter dúvidas. “Ponha a mão no arado e não olhe para trás.” Selecione seu alvo e faça boas trilhas mentais, profundas e largas, que levem diretamente a ele.

Isso nos traz a um momento apropriado para descrever o método com o qual você poderá aplicar os princípios direta e indiretamente relacionados ao tema da concentração.

Vamos chamar esse método de a chave mágica para o sucesso.

Essa chave mágica constitui um poder irresistível que todos que quiserem poderão usar.

Ela abrirá as portas da riqueza! Abrirá as portas da fama!

E, em muitas situações, abrirá as portas da saúde física.

Abrirá as portas da educação e deixará que você entre no armazém que guarda toda a sua habilidade latente. Agirá como um código de entrada para qualquer emprego desta vida para o qual você seja adequado.

Com a ajuda dessa chave mágica, abrimos as portas secretas de todas as grandes invenções do mundo.

Por meio de seus poderes mágicos, todos os nossos gênios do passado foram desenvolvidos.

Imagine que você é um operário, tem um emprego comum e almeja uma posição melhor na vida. A chave mágica o ajudará a alcançá-la! Fazendo uso dela, Carnegie, Rockefeller, Hill, Harriman, Morgan e um monte de outras pessoas desse calibre acumularam vasta fortuna e riqueza material.

A chave abrirá as portas das prisões e transformará humanos desamparados em seres prestativos e dignos de confiança. Transformará o fracasso em sucesso e a tristeza em alegria.

Imagino que queira saber o que é essa chave mágica.

E eu respondo com uma só palavra: “concentração”.

A concentração é a capacidade desenvolvida por hábito e prática fixos de manter a mente em um assunto até que você esteja totalmente familiarizado com esse tema e o tenha dominado. É a capacidade de controlar a atenção e focá-la em dado problema até tê-lo solucionado.

É a capacidade de livrar-se dos efeitos de hábitos que você deseja descartar e o poder de construir novos hábitos que são mais do seu interesse. É um autocontrole completo.

Definida de outra maneira, a concentração é a capacidade de pensar como você deseja pensar, a capacidade de controlar seus pensamentos e direcioná-los a um fim definido, e a capacidade de organizar seu conhecimento em um plano de ação que seja sólido e praticável.

Você pode, desde já, constatar que, ao concentrar a mente em um objetivo principal definido na vida, você deve abordar muitos temas relativos, próximos, que se misturam uns aos outros e completam o tema principal no qual você está se concentrando.

A ambição e o desejo são os fatores principais que entram em ação no ato da concentração para o sucesso. Sem esses fatores, a chave mágica não serve para nada, e o motivo principal pelo qual tão poucas pessoas fazem uso dessa chave é que a maioria das pessoas não tem ambição nem desejo por nada em especial.

Deseje o que quiser, e se o seu desejo for algo razoável e forte o bastante, a chave mágica da concentração o ajudará a alcançá-lo.

Não existe nada que tenha sido criado por um ser humano sem ter sido primeiro criado na imaginação, através do desejo, e depois transformado em realidade pela concentração.

Agora, vamos passar a chave mágica por um teste, com a ajuda de uma fórmula definida.

Primeiro, você deve livrar-se de vez do ceticismo e da dúvida. Nenhum descrente jamais apreciou os benefícios dessa chave mágica. Você precisa acreditar no teste que está prestes a fazer.

Vamos imaginar que já passou pela sua cabeça tornar-se um escritor de sucesso, ou um influente palestrante, ou um executivo de sucesso ou um mago das finanças. Tomaremos o ramo das palestras como tema para esse teste, mas lembre-se de que você precisa seguir as instruções à risca.

Pegue uma folha de papel em branco, tamanho carta, e escreva o seguinte:

> Vou me tornar um habilidoso palestrante, porque isso me permitirá prestar ao mundo um serviço útil, que é necessário – e porque me

renderá retorno financeiro que me garantirá os recursos materiais necessários para viver.

Vou concentrar minha mente nesse desejo por dez minutos diariamente, antes de me deitar, à noite, e logo após me levantar, pela manhã, no intuito de determinar como procederei para transformar o desejo em realidade.

Sei que posso me tornar um palestrante poderoso e magnético; portanto, não permitirei que nada me impeça de fazer isso.

____

Assinado

Assine esse termo de compromisso, depois passe a fazer tudo isso que você garantiu, dando a sua palavra, que vai fazer. Não pare enquanto os resultados desejados não se realizarem.

Agora, quando for fazer sua concentração, este será o modo de proceder: olhe adiante um, três, cinco, até dez anos no futuro, e veja-se como o mais poderoso palestrante do seu tempo. Veja, na sua imaginação, um salário adequado. Veja a si mesmo na casa própria que você comprou com os rendimentos dos seus esforços como palestrante. Veja a si mesmo detentor de uma bela conta bancária, as reservas para a terceira idade. Veja a si mesmo como uma pessoa de grande influência, graças à sua grande capacidade de palestrante. Veja a si mesmo engajado em uma vocação na qual você não receie a perda do emprego que tem.

Visualize essa imagem com clareza, usando os poderes da sua imaginação, e pronto! Logo tudo isso se tornará uma linda imagem de desejo profundamente assentado. Use esse desejo como o objetivo principal da sua concentração e observe o que acontecerá.

Agora você detém o segredo da chave mágica!

Não subestime o poder da chave mágica porque ela não chegou até você envolta em misticismo ou porque ela é descrita em termos que todos que o desejem poderão entender. Todas as grandes verdades são simples, em última análise, e fáceis de entender; do contrário, não são grandes verdades.

Use essa chave mágica com inteligência e somente para alcançar objetivos de valor, e ela lhe trará felicidade e sucesso sem fim. Esqueça os erros que você cometeu e os fracassos pelos quais passou. Pare de viver no passado; ou você nunca ouviu falar que o ontem não volta jamais? Comece tudo de novo, caso seus esforços anteriores não tenham dado muito certo, e faça com que os cinco ou dez anos seguintes contem uma história de sucesso que satisfaça suas ambições mais elevadas.

Você consegue fazer tudo que acreditar que consegue! Assim encerramos o tema da chave mágica.

O Dr. Elmer Gates, de Washington, talvez seja um dos mais competentes psicólogos do mundo. Ele é reconhecido no mundo todo, tanto no campo da psicologia quanto em outras áreas da ciência direta ou indiretamente a ela relacionadas, como uma das mentes mais elevadas da ciência.

Peço que me acompanhe, por um momento, no estudo de como a intensa concentração de Gates domina os métodos dele.

Depois que o Dr. Gates segue uma linha de investigação científica até onde é possível pelos canais usuais de pesquisa – e mune-se de todos os fatos registrados sob o seu comando em dado assunto –, ele pega um lápis e uma tabuleta e "aguarda" a vinda de mais informação, concentrando a mente nesse assunto até que pensamentos relacionados a ele comecem a fluir para dentro da mente. Ele escreve esses pensamentos do jeito que chegam (sabe-se lá de onde). Claro que esses pensamentos chegam graças ao poder da concentração.

Se você acompanha a história de Henry Ford, ainda que muito pouco, sem dúvida já observou que o esforço concentrado foi uma das características mais marcantes da carreira dele. Quase trinta anos atrás, ele adotou uma política de padronização quanto ao tipo de automóvel que fabricaria, e manteve consistentemente essa política até a mudança na demanda do público forçá-lo, em 1927, a mudar.

Alguns anos atrás, conheci um homem que foi engenheiro-chefe da fábrica da Ford, e ele me contou um incidente, ocorrido durante os primeiros estágios da experiência do Sr. Ford com automóveis, que muito claramente aponta para o esforço concentrado como um dos mais importantes fundamentos da filosofia de economia dele.

Nessa ocasião, os engenheiros da fábrica da Ford haviam se reunido no escritório de engenharia com o intuito de discutir uma mudança proposta no desenho do eixo traseiro do automóvel da Ford. O Sr. Ford ficou por ali, ouvindo a discussão, até que todos os presentes deram sua opinião; depois foi até a mesa, dedilhou o desenho do eixo proposto e disse: "Escutem. O eixo que estamos usando cumpre a função para a qual foi projetado e o faz muito bem, e não vai haver mais mudança nenhuma nesse eixo!".

Ele deu meia-volta e foi embora, e desse dia até hoje a construção do eixo traseiro dos automóveis da Ford permanece substancialmente a mesma. Não é improvável que o sucesso do Sr. Ford na construção e venda de automóveis tenha sido devido, em grande medida, a sua política de concentrar consistentemente seus esforços em um só plano, com apenas um propósito definido na mente por vez.

Já vimos o papel importante que o ambiente e o hábito exercem em relação ao tema da concentração. Agora vamos discutir, brevemente, um terceiro assunto que não é menos relacionado ao tema da concentração do que os outros dois: a saber, a memória.

Os princípios pelos quais uma memória precisa, que não vacila, pode ser treinada são poucos, e comparativamente simples.

1. Retenção: receber uma impressão sensorial por meio de um ou mais dos cinco sentidos, e registrar essa impressão, de modo organizado, na mente. Esse processo pode ser comparado à gravação de uma imagem na placa sensibilizada de uma câmera.
2. Lembrar: reviver ou trazer de volta à mente consciente essas impressões sensoriais que foram registradas na mente subconsciente. Esse processo pode ser comparado ao ato de pesquisar um fichário e retirar uma ficha na qual uma informação foi previamente registrada.
3. Reconhecimento: a capacidade de reconhecer uma impressão sensorial quando é chamada para dentro da mente consciente e de identificá-la como uma duplicata da impressão original – e associá-la à fonte original da qual ela veio quando foi registrada pela primeira vez. Esse processo permite que distingamos entre "memória" e "imaginação".

Esses são os três princípios que entram no ato de lembrar. Agora vamos aplicar esses princípios e determinar como usá-los com eficiência, o que pode ser feito da seguinte maneira.

Primeiro: quando você quiser ter certeza da sua habilidade de recordar uma impressão sensorial, como um nome, uma data ou um lugar, certifique-se de fazer que essa impressão seja vívida, concentrando a atenção nela até os mínimos detalhes. Um modo eficiente de fazer isso é repetir, diversas vezes, aquilo de que você quer se lembrar. Assim como um fotógrafo precisa dar a uma "exposição" o tempo adequado para que ela se grave na placa da câmera, também devemos dar à mente subconsciente tempo para gravar adequada e claramente qualquer impressão sensorial que queremos ser capazes de recordar com prontidão.

Segundo: associe esse item de que você quer se lembrar com algum outro objeto, nome, lugar ou data com o qual você é bastante familiar, e do qual consegue recordar-se facilmente, quando quiser – por exemplo, o nome da sua cidade natal, seu amigo mais próximo, a data do seu aniversário –, pois sua mente arquivará essa impressão sensorial que você deseja recordar junto dessa que você tem facilidade de relembrar, e assim, quando trouxer uma delas à mente consciente, ela trará também a outra.

Terceiro: repita aquilo de que você quer se lembrar um monte de vezes, ao mesmo tempo concentrando sua mente nisso, assim como você fixaria a mente em certo horário em que gostaria de acordar de manhã, algo que, como você deve saber, garante que você acordará precisamente nesse horário.

A lei da associação é o traço mais importante de uma memória bem treinada, e no entanto é uma lei muito simples. Tudo que você precisa fazer para usá-la é gravar o nome de algo que você deseja lembrar junto do nome de algo de que você se lembra facilmente, e a recordação de um traz consigo a do outro.

Sua habilidade de treinar a memória ou de desenvolver qualquer hábito desejado é uma questão apenas de ser capaz de fixar a atenção em dado assunto até que o contorno desse assunto tenha sido amplamente impresso na "placa sensibilizada" da sua mente.

A concentração em si não passa de uma questão de controlar a atenção.

Aprenda a fixar sua atenção em dado tema, à vontade, pelo tempo que quiser, e você terá aprendido a passagem secreta para o poder e a plenitude.

Isso é a concentração!

> Concentração significa que você foca e dá toda a sua atenção a qualquer tarefa na qual esteja trabalhando.
>
> – **Don M. Green**
> Diretor-executivo, executivo-chefe e curador.

LIÇÃO TREZE

COOPERAÇÃO

"Você consegue fazer se acreditar que consegue!"

A cooperação é o início de todo trabalho organizado.

Andrew Carnegie acumulou uma fortuna gigantesca por meio do trabalho cooperativo de um pequeno grupo de não mais que vinte homens.

Você também pode aprender a usar esse princípio.

Este livro aborda alguma fase da cooperação em praticamente todos os capítulos. Esse resultado era inevitável, pelo motivo de que o objetivo do livro é ajudar o leitor a desenvolver poder, e poder é desenvolvido apenas por meio do trabalho organizado.

Vivemos em uma era de trabalho cooperativo. Quase todos os negócios de sucesso são conduzidos sob alguma forma de cooperação. O mesmo vale para o campo da indústria e das finanças, bem como na área dos serviços.

Médicos e advogados têm alianças de apoio mútuo e proteção, sob a forma de associações e conselhos.

Os bancários têm tanto as associações locais quanto as nacionais, para seu apoio mútuo, seu progresso.

Os editores têm suas associações; os encanadores têm as deles, e os vendedores de carvão têm as deles. A cooperação é o objetivo de todas essas associações. Os operários têm o sindicato, e aqueles que fornecem o capital para o trabalho e supervisionam os esforços dos operários têm suas alianças, sob diversos nomes.

As nações têm suas alianças de cooperação, embora pareçam ainda não ter descoberto o significado total da "cooperação". A tentativa do falecido presidente Wilson de aperfeiçoar a Liga das Nações, seguida pelos esforços do falecido presidente Harding de aperfeiçoar a mesma ideia sob o nome de Corte Mundial, indica a tendência recente em direção à cooperação.

Aos poucos, lentamente, vai ficando óbvio para o homem que aqueles que mais eficientemente aplicam o princípio do trabalho cooperativo sobrevivem por mais tempo, e esse princípio se aplica desde a mais inferior forma de vida animal até o mais elevado modo de comportamento humano.

O Sr. Carnegie, o Sr. Rockefeller, o Sr. Ford ensinaram ao homem de negócios o valor do trabalho cooperativo; isto é, ensinaram a todos que se preocuparam em observar o princípio por meio do qual eles acumularam vastas fortunas.

A cooperação é a própria fundação de toda liderança de sucesso. O ativo mais tangível de Henry Ford é a rede de agências bem organizada que ele estabeleceu. Essa organização lhe fornece não somente um canal de vendas para todos os automóveis que ele pode fabricar, mas também, de ainda maior importância, poder financeiro suficiente para enfrentar qualquer emergência que possa surgir.

Como resultado do entendimento dele acerca do valor do princípio de cooperação, Ford retirou-se da posição usual de dependência de instituições financeiras e, ao mesmo tempo, angariou mais poder comercial do que poderia algum dia usar.

O sistema bancário do Federal Reserve (Fed) é outro exemplo de trabalho cooperativo que praticamente garante os Estados Unidos contra uma situação de pânico em relação ao dinheiro.

Os sistemas de redes de lojas constituem outra forma de cooperação comercial que confere vantagem tanto no momento da venda quanto no da distribuição, nessa área.

A moderna loja de departamentos, que é o equivalente de um grupo de pequenas lojas operando sob um mesmo teto, um gerente e uma despesa geral, é outro exemplo da vantagem do trabalho cooperativo na área comercial.

O poder vem do trabalho organizado. Os três fatores mais importantes que entram no processo do trabalho organizado são: concentração, cooperação e coordenação.

Como gerar poder através da cooperação

O poder pessoal é gerado por aquele que desenvolve, organiza e coordena as faculdades da mente. Isso pode ser realizado com o domínio e a aplicação dos princípios sobre os quais se fundamenta este livro.

É fato muito conhecido que todos os homens que juntaram grandes fortunas são famosos por serem hábeis "organizadores". Com isso, queremos dizer que eles tinham a habilidade de reunir os trabalhos cooperativos de outros homens, que forneciam talento e capacidade que eles mesmos não detinham.

Pegue como exemplo qualquer negócio ou profissão que quiser e você observará, ao analisar, que é limitado apenas pela falta da aplicação do trabalho organizado e cooperativo. Como exemplo, considere a área do direito.

Se uma firma de advocacia consiste em apenas um tipo de mente, ela terá grande desvantagem, ainda que seja composta por uma dúzia de homens habilidosos de um tipo específico. O complicado sistema judiciário demanda uma variedade maior de talentos, algo muito mais amplo do que qualquer homem poderia fornecer. O simples trabalho organizado não é suficiente para garantir o verdadeiro sucesso; a organização deve consistir em indivíduos que forneçam, cada um, um talento especializado que os outros membros da organização não detenham.

Uma firma de advocacia bem organizada incluiria talento especializado na preparação dos casos – homens de visão e imaginação que entendem como harmonizar a lei e as evidências de um caso sob um planejamento sólido. Homens que têm esse tipo de habilidade nem sempre têm a habilidade de defender um caso no tribunal; portanto, é preciso ter à disposição pessoas que sejam proficientes nos procedimentos da corte. Levando a análise um passo adiante, será constatado que há muitas classes diferentes de casos que demandam funcionários dos mais variados tipos de habilidade especializada, tanto na preparação quanto na defesa desses casos. Um advogado que estudou para ser especialista em lei corporativa pode estar completamente despreparado para lidar com um caso da área criminal.

Em quase todos os empreendimentos comerciais, existe a necessidade de pelo menos três classes de talento: a saber, compradores, vendedores e aqueles que têm familiaridade com finanças. Percebe-se prontamente que, quando essas três classes de pessoas organizam e coordenam esforços, elas garantem a si mesmas, por meio dessa forma de cooperação, um poder que nenhum indivíduo do grupo detém.

Muitos negócios fracassam porque todos os homens por trás deles são vendedores, ou lidam com finanças, ou são compradores. Por natureza, os vendedores mais habilidosos são pessoas otimistas, empolgadas e emotivas; já os melhores contadores, como regra, são pouco emotivos, são circunspectos e conservadores. Ambas as classes são essenciais para o sucesso de uma empreitada comercial, mas qualquer uma das duas se mostrará um verdadeiro fardo para qualquer negócio sem a influência transformadora da outra classe.

A maioria das pessoas considera que James J. Hill foi o construtor de ferrovias mais talentoso que a América já produziu, mas é igualmente conhecido que ele não era engenheiro civil, nem construtor de pontes, nem engenheiro de locomotiva, nem engenheiro mecânico, nem químico, embora essas altamente especializadas classes de talento sejam essenciais para a construção de ferrovias. O Sr. Hill entendia os princípios do trabalho organizado e da cooperação; portanto, ele se cercava de homens que tinham toda essa habilidade necessária que a ele faltava.

Qualquer universidade grande representa outro excelente exemplo da necessidade do trabalho organizado e cooperativo. O corpo docente é composto por homens e mulheres de habilidades das mais altas especializações, embora amplamente diferentes. Um departamento é presidido por especialistas em literatura; outro departamento, por especialistas em química; outro, por especialista em medicina; outro ainda, por especialistas em direito etc. A universidade, como um todo, é o equivalente a um grupo de faculdades, cada uma dirigida por especialistas da sua área, cuja eficiência é muito incrementada pelo esforço aliado e cooperativo que é dirigido por uma cabeça somente.

Analise o poder, onde quer que esteja e sob qualquer forma, e você perceberá a organização e a cooperação como os fatores principais por trás dele.

Na vida, o sucesso só pode ser obtido por meio do trabalho sereno, harmonioso e cooperativo. E o sucesso não pode ser obtido por conta própria ou independentemente. Mesmo que um homem viva como um ermitão em uma floresta, longe de quaisquer sinais da civilização, não obstante, ele depende de forças exteriores para a sua existência. Quanto mais passa a fazer parte de uma civilização, mais dependente do trabalho cooperativo ele se torna.

Se um homem ganhará a vida por dias trabalhados ou pelo lucro da fortuna que juntou, ele o ganhará com menos oposição por meio da cooperação amigável com outras pessoas. Ademais, o homem cuja filosofia é baseada na cooperação em vez da competição não somente vai adquirir as necessidades e os luxos da vida com menos esforço, como também apreciará uma quantia extra de felicidade que os outros nunca sentirão.

Fortunas adquiridas por trabalho cooperativo não deixam cicatrizes no coração de seus donos, o que é muito mais do que pode ser dito de fortunas que são adquiridas por conflito e métodos competitivos que beiram a extorsão.

O acúmulo de riqueza material, seja o objeto desta a existência básica ou o luxo, consome boa parte do tempo que colocamos nesta nossa batalha terrena. Se não podemos mudar essa tendência materialista da natureza humana, podemos, pelo menos, mudar o método de busca, adotando a cooperação como o embasamento dessa busca.

Um homem que consegue induzir os outros a cooperar e realizar um trabalho de equipe eficiente, ou inspirá-los para que se tornem pessoas mais ativas, não tem menos atitude do que o homem que presta o serviço, de fato, de uma forma mais direta.

No campo da indústria e dos negócios, existem homens que têm a habilidade de inspirar e direcionar os esforços dos outros de modo que todos que estão sob a sua direção realizam mais do que poderiam sem essa influência para guiá-los. Todos sabem muito bem que Andrew Carnegie dirigia tão habilmente os esforços das pessoas que compunham sua equipe pessoal que fez muitos deles se tornarem homens abastados, gente que jamais teria ficado rica sem a direção genial da mente dele. O mesmo pode ser dito de praticamente todos os grandes líderes na área da indústria e dos negócios – o ganho todo não fica apenas para os líderes. Quem trabalha sob a direção deles lucra demais sob essa liderança.

Foi a compreensão que tinha desse princípio do trabalho aliado que fez com que Andrew Carnegie se cercasse de um grupo de homens composto por aqueles que sabiam planejar e aqueles que sabiam executar. Carnegie tinha, em seu grupo de assistentes, alguns dos mais eficientes vendedores do mundo, mas, se toda a sua equipe fosse formada apenas por homens que não faziam nada além de vender, ele jamais teria acumulado a fortuna que acumulou. Se toda a sua equipe fosse composta somente por vendedores, ele teria conseguido atividade em abundância, mas a atividade tem de ser guiada com inteligência.

Qualquer forma de atividade em grupo em que duas ou mais pessoas compõem uma aliança cooperativa com o intuito de alcançar um propósito definido acaba sendo mais poderosa que o simples esforço individual.

Um time de futebol pode vencer constante e continuamente pelo trabalho de equipe bem coordenado, ainda que os membros do time não sejam lá grandes amigos e careçam de harmonia em vários sentidos quando não estão realizando seu trabalho de fato no campo de futebol.

Um grupo de pessoas que compõem um conselho de diretores pode discordar entre si; podem não ser muito amigáveis, podem até ser antipáticos uns com os outros, e ainda assim conduzir um negócio que tudo indica ser muito bem-sucedido.

Mas essas alianças seriam mais poderosas e eficazes se baseadas em uma fundação de perfeita harmonia, permitindo assim o desenvolvimento de uma energia suplementar conhecida como MasterMind.

O trabalho cooperativo básico produz poder; não pode haver dúvida com relação a isso. Contudo, o trabalho cooperativo que é baseado em completa harmonia de propósito desenvolve um superpoder.

Faça com que cada membro de um grupo em cooperação coloque seu coração na realização do mesmo objetivo definido, em um espírito de perfeita harmonia, e terá sido estabelecida a fundação para o desenvolvimento do MasterMind, contanto que todos os membros do grupo submetam, de bom grado, seus interesses pessoais em prol da realização do objetivo ao qual o grupo almeja.

O grau de poder criado pelo trabalho cooperativo de qualquer grupo de pessoas é medido, sempre, pela natureza do motivo que o grupo está trabalhando para alcançar. Isso deve ser uma ideia que todo aquele que organiza um grupo de trabalho deve ter em mente, seja qual for o propósito. Encontre um motivo em torno do qual as pessoas podem ser induzidas a se concentrar em um espírito de perfeita harmonia intensamente carregado de emotividade e entusiasmo, e você terá encontrado o ponto inicial para a criação do MasterMind.

É um fato bem conhecido que os homens trabalharão muito mais intensamente para alcançar um ideal do que o farão apenas por dinheiro. Na procura por um "motivo" para ter como base para o desenvolvimento de um grupo de trabalho cooperativo, será muito proveitoso ter isso em mente.

Existem três forças de motivação principais às quais as pessoas respondem em praticamente todas as suas atividades. Elas são:

1. Autopreservação.
2. Contato sexual.
3. Poder financeiro e social.

Até que ponto as pessoas podem ser induzidas a cooperar, em harmonia, depende da força motivadora que as impele a agir. A harmonia perfeita que é essencial para a criação do MasterMind pode ser obtida somente quando a força motivadora do grupo é suficiente para fazer com que cada membro do grupo se esqueça completamente de seus interesses pessoais e trabalhe pelo bem do grupo, ou pela obtenção de um objetivo relativo a um ideal, à caridade ou à filantropia.

> O sucesso não pode ser alcançado por uma pessoa só, e nós devemos trabalhar com os outros no intuito de alcançar o nosso propósito principal definido na vida. No entanto, a cooperação é mais do que simplesmente trabalhar com os outros. Você precisa trabalhar com eles em harmonia e com uma personalidade agradável.
>
> – **Don M. Green**
> Diretor-executivo, executivo-chefe e curador.

As pessoas não se unirão para apoiar um líder nesse espírito de harmonia enquanto o motivo que as empolgue para tanto não as induzir a colocar de lado tudo que pensam sobre si mesmas.

Nós fazemos bem as coisas que amamos fazer, e sorte do líder que tem o bom senso de ter esse fato em mente e conduz seus planos de modo que todos os seus seguidores sejam alocados em papéis que se harmonizam de acordo com essa lei.

Você, agora, está pronto para começar a Lição Catorze, que vai ensinar a transformar em capital de giro todos os erros, equívocos e fracassos que você teve na vida.

Por motivos que ficarão claros depois que você tiver terminado de ler o capítulo seguinte, esse é o capítulo favorito do autor, de todo o livro.

LIÇÃO CATORZE

FRACASSO

"Você consegue fazer se acreditar que consegue!"

Sob circunstâncias comuns, o termo "fracasso" é um termo negativo. Neste capítulo, a palavra receberá todo um novo significado, porque é uma palavra que foi usada muito mal e, por esse motivo, levou pesar e angústia desnecessários a milhões de pessoas.

Logo de cara, vamos diferenciar "fracasso" de "derrota temporária". Vejamos se aquilo que se costuma considerar como um "fracasso" não é, na verdade, apenas uma "derrota temporária". Ademais, vejamos se essa derrota temporária não é, na verdade, uma bênção disfarçada, visto que nos levanta, dá uma sacudida e redireciona nossas energias para sentidos diferentes e mais interessantes. Um caráter sólido costuma ser lapidado por reveses, obstáculos e derrotas temporárias que a porção desinformada do mundo chama de "fracasso".

Nem a derrota temporária nem a adversidade contam como fracasso na mente da pessoa que pensa nelas como um professor que ensinará uma lição muito necessária. Na verdade, tem sempre uma grande e duradoura lição em cada revés e em cada derrota; em geral, é uma lição que não poderia ser aprendida de outra forma senão pela derrota.

Talvez eu possa ajudá-lo a interpretar melhor o significado da derrota convidando-o para um passeio pelas minhas experiências ao longo de um período de aproximadamente trinta anos. Nesse período, alcancei meu ponto de virada, que os desinformados chamam de "fracasso", sete vezes. Em cada um desses sete pontos de virada, achei que tinha sido um fracasso terrível, mas agora sei que o que parecia ser um fracasso não era nada mais do que o toque gentil da mão invisível que me parou no caminho que eu tinha escolhido e, com grande sabedoria, forçou-me a redirecionar esforços para sentidos mais vantajosos.

Cheguei a essa decisão, contudo, somente depois de ter feito uma retrospectiva das minhas experiências e as analisado sob a luz de muitos anos de reflexão sóbria e meditativa.

Primeiro ponto de virada

Depois de terminar um curso na faculdade de administração, consegui emprego como estenógrafo e bibliotecário, que mantive pelos cinco anos seguintes. Como resultado de ter praticado o hábito de fazer mais e melhor trabalho do que se é pago para fazer, avancei rapidamente, até chegar ao ponto de assumir responsabilidades e receber um salário muito fora de proporção para alguém da minha idade. Economizei dinheiro e juntei muitos milhares de dólares na conta bancária. Minha reputação se espalhou rapidamente, e houve certa competição pelos meus serviços.

Para confrontar as ofertas da concorrência, meu chefe me promoveu para o cargo de gerente-geral das minas em que eu estava alocado. Eu estava escalando rápido em direção ao topo do mundo, e sabia disso.

Ah, mas essa foi a parte triste da minha história – eu sabia disso!

Foi então que a mão bondosa do destino me deu uma suave cutucada. Meu chefe perdeu a fortuna, e eu perdi o emprego. Essa foi minha primeira grande derrota, e, ainda que tenha ocorrido como resultado de fatores que estavam fora do meu controle, eu deveria ter aprendido a lição – que, é claro, aprendi, mas só muitos anos depois.

Segundo ponto de virada

Meu emprego seguinte foi como gerente de vendas para uma grande madeireira no sul do país. Eu não sabia nada de madeira e muito pouco sobre gerência de vendas, mas havia aprendido que era benéfico fazer mais serviço do que era pago para fazer; também aprendera que dava resultado tomar a iniciativa e descobrir o que precisava ser feito sem que alguém me dissesse o que fazer. Uma conta bancária de bom tamanho, mais o histórico de desenvolvimento constante no meu cargo anterior, deram-me toda a autoconfiança de que eu precisava, e até um pouco mais, eu diria.

Minha evolução foi rápida; meu salário foi aumentado duas vezes durante o primeiro ano. Saí-me tão bem como gerente de vendas que meu chefe me colocou para ser parceiro dele nos negócios. Começamos a ganhar dinheiro, e comecei a me ver no topo do mundo mais uma vez!

Estar "no topo do mundo" dá uma sensação maravilhosa, mas é um local muito perigoso no qual ficar, a não ser que você firme bem os pés no chão, porque é uma queda e tanto caso a pessoa se desequilibre.

Eu estava dando verdadeiros saltos rumo ao sucesso.

Até essa época, nunca me ocorrera que o sucesso pudesse ser medido em termos que não fossem dinheiro e autoridade. Talvez isso se devesse ao fato de que eu tinha mais dinheiro do que precisava e mais autoridade do que podia gerenciar com segurança nessa idade.

Não somente eu seguia rumo ao "sucesso", pelo menos do ponto de vista que eu tinha do sucesso, como também acreditava que estava engajado no único tipo de negócio adequado para o meu temperamento. Nada poderia me induzir a trocar para outro ramo de empreendimento. Isto é, nada além do que aconteceu, que me forçou a mudar.

A mão invisível do destino permitiu que eu me pavoneasse sob a influência da minha autoridade até que comecei a sentir minha importância. Sob a luz de anos mais sóbrios, agora me pergunto se a mão invisível não permite propositalmente que nós, tolos seres humanos, façamos pose diante dos nossos espelhos de vaidade até que passemos a enxergar quão vulgarmente estamos agindo e fiquemos com vergonha de nós mesmos. De todo modo, eu parecia ter uma estrada livre à minha frente; havia carvão suficiente na carvoeira; havia água no tanque; eu estava com a mão no acelerador – e empurrei com força e decolei, em alta velocidade.

Que coisa! O destino me aguardava na esquina seguinte, com um porrete recheado cujo recheio não era algodão. Claro que não vi o impacto iminente até que aconteceu. Foi uma fase muito triste, mas não diferente daquela que muitos outros contariam se fossem abrir o jogo sobre sua vida.

Como um raio que cai de um céu limpo, o pânico de 1907 varreu a economia e me levou junto; da noite para o dia me fez um belo serviço, destruindo meu negócio e me aliviando de cada dólar que eu possuía.

Essa foi a minha primeira derrota mais séria! Na época, eu a enxergava, de forma equivocada, como um fracasso, mas não era, e antes de terminar este capítulo lhe direi por que não era fracasso.

Terceiro ponto de virada

Foi preciso o pânico de 1907, somado à derrota que ele me trouxe, para eu me distanciar e redirecionar meus esforços do negócio da madeira para o estudo do direito. Nada neste mundo, exceto a derrota, poderia ter causado esse resultado; assim, o terceiro ponto de virada da minha vida foi trazido pelas asas daquilo que a maioria das pessoas chama de "fracasso", o que me lembra de afirmar novamente que toda derrota ensina uma lição necessária àqueles que estão prontos e dispostos a ser ensinados.

Quando entrei na faculdade de direito, foi com a crença firme de que eu emergiria duplamente preparado para pegar carona na ponta do arco-íris e reivindicar meu pote de ouro, pois eu não tinha outra compreensão acerca do sucesso que não fosse dinheiro e poder.

Eu fazia a faculdade de direito à noite e trabalhava como vendedor de carros durante o dia. Minha experiência com vendas no ramo de madeira foi empregada como uma vantagem. Prosperei rapidamente, saindo-me tão bem (ainda aplicando o hábito de fazer mais e melhor serviço do que se é pago para fazer), que veio a oportunidade de entrar na parte de fabricação de automóveis do negócio. Vi a necessidade de contratar mecânicos treinados de automóveis. Portanto, abri um departamento educacional na fábrica e comecei a treinar mecânicos comuns na montagem de automóveis e no trabalho de conserto. A escola prosperou, pagando-me mais de mil dólares por mês em lucro líquido.

Mais uma vez, eu começava a me aproximar do fim do arco-íris. Mais uma vez, tive certeza de que havia encontrado meu nicho no mundo do trabalho – que nada poderia me desviar do curso ou distrair minha atenção do ramo automobilístico.

Meu gerente no banco sabia que eu estava prosperando. Por isso, emprestou-me dinheiro para usar na expansão do negócio. Um traço peculiar dos bancários – traço esse que pode ser mais ou menos desenvolvido nas outras pessoas também – é que eles emprestam dinheiro sem hesitar para quem está prosperando.

Meu gerente me emprestou dinheiro até que fiquei afundado em dívidas com ele; depois me tomou o negócio tão tranquilamente como se o negócio pertencesse a ele – porque, de fato, pertencia.

Da posição de homem de negócios que apreciava uma renda de mais de mil dólares por mês, fui subitamente reduzido à pobreza.

Agora, vinte anos depois, agradeço à mão do destino por essa mudança forçada, mas, na época, eu via a mudança como um verdadeiro fracasso.

O fim do arco-íris tinha desaparecido e, com ele, o famigerado pote de ouro que dizem que se encontra no final. Foi somente muitos anos depois que descobri a verdade: essa derrota temporária foi provavelmente a maior bênção que me ocorreu, porque me tirou à força de um ramo que não me ajudava nem um pouco a desenvolver conhecimento próprio e sobre os outros, e me direcionou para um canal que me trouxe uma rica experiência da qual eu estava precisando.

Pela primeira vez na vida, comecei a me perguntar se não seria possível que a pessoa encontrasse algo de valor que não fosse dinheiro nem poder no fim do arco-íris. Essa atitude temporária de questionamento não chegou ao ponto da rebeldia, veja você, e não a segui por tempo suficiente para encontrar a resposta. Ela veio apenas como um pensamento passageiro, como fazem tantos outros pensamentos para os quais não damos atenção, e logo deixou minha mente. Se eu soubesse, na época, tanto quanto sei hoje sobre a lei da compensação, e se pudesse interpretar experiências como consigo interpretar agora, teria reconhecido esse evento como uma cutucada suave da mão do destino.

Depois de ter travado a luta mais ferrenha da vida até aquele momento, aceitei minha derrota temporária como fracasso e assim fui levado ao ponto de virada seguinte, o quarto, que me deu a oportunidade de colocar em uso o conhecimento de direito que eu tinha adquirido.

Quarto ponto de virada

Por ser marido da minha esposa e o pessoal dela ter influência, consegui ser nomeado assistente do conselheiro-chefe de uma das maiores empresas de carvão do mundo. Meu salário era totalmente desproporcional ao que se costumava pagar para iniciantes, e ainda mais desproporcional ao meu valor, mas a coisa foi arranjada, e acabei indo parar ali. Aconteceu que o que eu não tinha de conhecimento de direito eu mais do que compensava aplicando o princípio de fazer mais serviço do que era pago para fazer, e tomando a iniciativa de fazer o que deveria ser feito sem que ninguém me mandasse fazê-lo.

Eu vinha mantendo o cargo sem dificuldade. Estava praticamente com a vida ganha, se tivesse me preocupado em mantê-la assim.

Sem consultar meus amigos, e sem avisar ninguém, pedi demissão!

Esse foi o primeiro ponto de virada que eu mesmo escolhi. Não foi forçado sobre mim. Vi o bom e velho destino se aproximando e cheguei primeiro que ele à porta. Quando me pressionaram para saber o motivo da demissão, ofereci um que me pareceu bastante razoável, mas tive dificuldade de convencer o círculo familiar de que havia agido com sabedoria.

Pedi demissão desse cargo porque o trabalho era fácil demais, e eu o exercia com muito pouco esforço. Vi-me vagando em direção ao hábito da inércia. Senti que estava me acostumando com a vida mansa, e sabia que o passo seguinte seria o retrocesso. Eu tinha tantos amigos no tribunal que não havia nenhum motivo especial que fosse necessário para eu seguir em frente. Eu estava em meio a amigos e parentes, e tinha um cargo que poderia manter por quanto tempo eu quisesse, sem me exaurir. Recebia um salário que me garantia todas as necessidades e um pouco do luxo da vida, incluindo um carro e gasolina suficiente para mantê-lo funcionando.

De que mais eu precisava?

"Nada", eu estava começando a dizer a mim mesmo.

Era para essa atitude que eu sentia que estava escorregando. Era uma atitude que, por algum motivo ainda hoje para mim desconhecido, deixou-me tão assustado que fiz algo que muitos consideraram um gesto irracional, ao me demitir. Por mais ignorante que eu fosse em relação a outros assuntos na época, sinto gratidão, desde esse tempo, por ter tido senso suficiente para perceber que a força e o crescimento vêm somente por meio de esforço e batalha contínuos, que o desuso traz atrofia e declínio.

Esse passo provou ser mais um dos pontos de virada mais importantes da minha vida, embora tenha sido seguido de dez anos de trabalho que trouxe quase todos os sofrimentos concebíveis que o coração humano pode vivenciar. Saí do emprego no ramo do direito, no qual estava indo muito bem, vivendo entre amigos e parentes, no qual tinha o que eles acreditavam ser um incomum futuro brilhante e promissor à frente. Preciso ser franco e admitir que tem sido motivo crescente de admiração para mim a razão ou o modo como juntei a coragem para dar o passo que dei. Até onde sou capaz de interpretar o evento, cheguei à decisão de me demitir mais por causa de um "pressentimento" ou algo como um "ímpeto", que na época eu não entendia, do que por raciocínio lógico.

Escolhi Chicago como meu novo campo de empreendimento. Fiz isso porque acreditava que Chicago era um lugar no qual a pessoa poderia descobrir se tinha aquelas qualidades mais austeras que são tão essenciais para a sobrevivência em um mundo de ampla competição. Enfiei na cabeça que, se conseguisse obter reconhecimento em qualquer tipo honrado de trabalho em Chicago, provaria que tinha na minha composição o tipo de material que poderia ser desenvolvido e tornar-se, de fato, habilidade. Foi um processo de raciocínio bastante peculiar; no mínimo, um processo incomum no qual me engajar na época, o que me faz lembrar de mencionar que nós, seres humanos, costumamos creditar a nós mesmos inteligência à qual não temos direito. Receio que, com frequência demasiada, assumimos o crédito por sabedoria e resultados que advêm de causas sobre as quais não temos absolutamente o menor controle.

Embora eu não pretenda passar a impressão de que acredito que todos os nossos atos são controlados por causas que estão além de nossa capacidade de direcionar, sugiro com veemência que você estude e interprete corretamente essas causas que marcam os pontos de virada mais vitais da sua vida, os pontos nos quais seus esforços divergem – dos antigos para novos canais – apesar de tudo que você pode fazer. Pelo menos evite aceitar toda derrota como fracasso até ter tempo de analisar o resultado final.

Meu primeiro cargo em Chicago foi de gerente de *marketing* em uma grande escola por correspondência. Eu sabia pouco sobre *marketing*, mas minha experiência prévia de vendedor, somada à vantagem obtida por fazer mais serviço do que eu era pago para fazer, garantiu que eu mostrasse resultados inesperados.

No primeiro ano, ganhei US$ 5.200.

Eu estava "dando a volta por cima" aos saltos. Gradualmente, o final do arco-íris começou a circular ao meu redor, e vi, mais uma vez, o reluzente pote de ouro quase ao meu alcance. A história está cheia de provas de que um banquete geralmente precede uma época de escassez. Eu estava saboreando um banquete, mas não previa a escassez que estava por começar. Estava me saindo tão bem que me aprovava por completo.

A autoaprovação é um estado de espírito perigoso.

Essa é uma grande verdade que muitas pessoas só aprendem quando a mão gentil do tempo já descansou sobre os ombros delas pela maior parte da vida. Algumas pessoas nunca aprendem, e as que aprendem são aquelas que finalmente começam a entender as lições da derrota.

Estou convencido de que as pessoas têm poucos, se é que têm, inimigos mais perigosos a combater do que a autoaprovação. Pessoalmente, tenho mais medo disso do que da derrota.

Isso leva ao meu quinto ponto de virada, que também foi algo por mim escolhido.

Quinto ponto de virada

Eu tinha causado tão boa impressão como gerente de *marketing* da escola por correspondência, que o presidente da escola me induziu a deixar o cargo e passar para o ramo da manufatura com ele. Nós organizamos a fábrica de doces Betsy Ross, e me tornei o primeiro presidente, dando início, assim, a mais um dos mais importantes pontos de virada da minha vida.

Os negócios cresceram rapidamente, até que tínhamos uma rede de lojas em dezoito cidades. Mais uma vez, vi o final do arco-íris quase ao meu alcance. Sabia que tinha finalmente encontrado um ramo no qual desejava permanecer por toda a vida. O ramo dos doces era rentável, e, como eu pensava no dinheiro como a única evidência do sucesso, naturalmente acreditava que estava prestes a dar de cara com este.

Tudo seguia muito bem até que meu sócio e outro homem, que tínhamos anexado ao empreendimento, resolveram obter controle dos meus lucros nos negócios sem me pagar por nada.

O plano deles foi bem-sucedido, de certa forma, mas recuei com mais firmeza do que eles tinham previsto; portanto, à guisa de "persuasão gentil", eles me prenderam sob falsa acusação e ofereceram retirar a queixa sob a condição de que eu lhes entregasse a minha parte dos negócios.

Eu começava a aprender, pela primeira vez, que havia muita crueldade, injustiça e desonestidade no coração dos homens.

Quando chegou o dia da audiência preliminar, as testemunhas dos reclamantes não haviam sido encontradas. Contudo, levei os dois sócios até lá e os forcei a subir no púlpito das testemunhas para contar a versão deles dos fatos, o que resultou na minha absolvição e em um processo por danos movido por mim contra os autores da injustiça.

Esse incidente criou uma cisão irreparável entre mim e meus associados, o que acabou me custando a minha parte nos negócios, mas foi até pouco se comparado ao que custou a eles, visto que ainda estão pagando por isso, e sem dúvida continuarão a pagar enquanto viverem.

Meu processo foi constituído sob o que se conhece como "ação de dano", pela qual foram alegados prejuízos por danos maliciosos ao caráter. Em Illinois, onde a ação foi conduzida, o julgamento de dano concede, àquele a favor do qual a sentença é concedida, o direito de ver presa a pessoa contra a qual a sentença foi proferida, até que a quantia estipulada na sentença tenha sido paga.

No devido tempo, obtive uma sentença pesada contra meus antigos sócios. Poderia ter cobrado que fossem ambos postos atrás das grades.

Pela primeira vez na vida, fiquei cara a cara com a oportunidade de me vingar de inimigos de maneira que realmente ia doer. Eu tinha, em minha posse, uma arma cheia de "balas" – arma essa colocada ali pelos próprios inimigos.

A sensação que me invadiu foi a mais esquisita!

Deveria eu mandar prender meus inimigos, ou deveria aproveitar a vantagem dessa oportunidade de garantir misericórdia, doravante provando que eu era feito de um tipo diferente de material?

Foi nessa que época que construí no coração a fundação sobre a qual erigi a décima sexta lição deste curso, pois tomei a decisão de deixar meus inimigos em liberdade – a maior liberdade que poderiam ter, ao garantir-lhes misericórdia e perdão.

Contudo, muito antes de eu chegar à decisão, a mão do destino começara a lidar agressivamente com esses homens extraviados que tinham tentado, em vão, destruir-me. O tempo, o grande mestre, ao qual todos nós temos de nos submeter cedo ou tarde, já estivera trabalhando sobre os meus antigos sócios, e lidara com eles com muito menos misericórdia do que eu. Um deles foi, mais tarde, condenado a um bom tempo de prisão por outro crime que cometera contra alguma outra pessoa, e o outro havia, entrementes, sido reduzido à pobreza.

Nós até podemos lograr as leis que os homens escrevem nos estatutos, mas a lei da compensação – jamais!

A sentença que obtive contra esses homens permanece nos registros do Tribunal Superior de Chicago, como evidência silenciosa da absolvição do meu caráter. Mas ela me serve em algo muito mais importante do que isso – serve como lembrete de que pude perdoar inimigos que tentaram me destruir, e, por esse motivo, em vez de destruir meu caráter, suspeito que esse evento serviu para me fortalecer.

Ser preso parecia, na época, uma desgraça terrível, ainda que a acusação fosse falsa. Não gostei nada da experiência, e não gostaria de passar por experiência similar mais uma vez, mas devo admitir que todo o sofrimento que ela me trouxe valeu a pena, porque me deu a oportunidade de descobrir que a vingança não fazia parte da minha constituição.

Nós não mais teríamos medo de testar coisas novas nem as evitaríamos se observássemos, lendo as biografias dos homens do destino, que quase todos eles foram castigados e esmagados pelo moedor de experiências cruéis antes de "chegar lá". Isso me faz pensar se a mão do destino não testa "o metal do qual somos feitos" em diversas e variadas maneiras antes de colocar grandes responsabilidades sobre nossos ombros.

Antes de abordar o ponto de virada seguinte da minha vida, preciso chamar sua atenção para o fato significante de que cada ponto de virada me levou cada vez mais para perto do fim do arco-íris e me trouxe conhecimento útil que, mais tarde, passou a ser parte permanente da minha filosofia de vida.

Sexto ponto de virada

Chegamos agora ao ponto de virada que provavelmente me levou para mais perto do fim do arco-íris do que qualquer um dos outros, porque me colocou em uma posição em que achei necessário colocar em uso todo o conhecimento que eu tinha adquirido até esse momento, acerca de praticamente todo tema com o qual eu tinha familiaridade, e me deu uma oportunidade de me expressar e desenvolver que muito raramente chega a uma pessoa tão cedo na vida. Esse ponto de virada veio pouco tempo depois que meus sonhos de obter sucesso no ramo dos doces tinham sido estilhaçados, quando direcionei meus esforços para dar aula de *marketing* e vendas em um departamento de uma faculdade do meio-oeste.

Um sábio filósofo dizia que ninguém nunca aprende muito sobre dado assunto até que começa a ensiná-lo aos outros. Minha primeira experiência como professor mostrou que isso era verdade. Minha aula prosperou desde o início. Eu tinha uma turma presencial e também uma escola por correspondência por meio da qual ensinava alunos em quase todos os países que falavam inglês. Apesar das dificuldades da guerra, a escola crescia rapidamente, e mais uma vez vi o fim do arco-íris à vista.

Veio, então, a segunda convocação para a guerra, que praticamente destruiu minha escola, uma vez que a maioria dos alunos escritos foi convocada para a guerra. Em um só golpe, perdi mais de US$ 75 mil de mensalidades e, ao mesmo tempo, contribuí com o meu próprio serviço ao meu país. Mais uma vez, fiquei sem um tostão!

Infeliz é a pessoa que nunca passou pela tensão de ficar sem dinheiro uma vez ou outra, pois, como Edward Bok afirmou corretamente, a pobreza é a experiência mais rica que pode acometer um homem – uma experiência de que, no entanto, ele aconselha que a pessoa se afaste o mais rápido que puder.

Mais uma vez fui forçado a redirecionar meus esforços, mas, antes que eu passe a descrever o último e mais importante ponto de virada, quero chamar sua atenção para o fato de que nenhum dos eventos descritos até este ponto teve, em si, qualquer significância prática. Os seis pontos de virada que descrevi brevemente não significaram nada para mim se pensados cada um por si, e não significarão nada para você se analisados um por um. Mas pense nesses eventos em coletivo, e eles formam uma fundação muito significativa sobre a qual vem o ponto de virada seguinte, e constituem evidência confiável de que nós, seres humanos, estamos sempre passando por mudanças evolutivas como resultado das experiências de vida com as quais deparamos, ainda que nenhuma delas pareça, por si só, transmitir uma lição útil e definitiva.

Deve ter ficado óbvio para você, com toda a minha descrição dos seis pontos de virada já descritos, que eu não tinha ainda realmente encontrado meu lugar no mundo. Deve ter ficado claro para você que a maioria das minhas derrotas temporárias, se não todas, deveu-se principalmente ao fato de que eu ainda não tinha descoberto o trabalho no qual poderia me jogar de corpo e alma. Encontrar o trabalho para o qual você é mais adequado e de que você mais gosta é muito parecido com encontrar a pessoa que você mais ama; não existe regra sob a qual fazer essa procura, mas, quando o nicho certo é encontrado, a pessoa reconhece na hora. Eu também consegui reconhecer imediatamente o trabalho para o qual eu era melhor.

Sétimo ponto de virada

Deixe-me descrever o sétimo e último ponto de virada. Para tanto, devo voltar àquele fatídico dia – 11 de novembro de 1918.

Foi o Dia do Armistício, o fim da Primeira Guerra Mundial. A guerra tinha me deixado sem um tostão, mas eu estava contente em saber que a matança tinha cessado e que a razão estava prestes a reivindicar a civilização mais uma vez.

De frente à janela da minha sala, vendo a multidão em festa que celebrava o fim da guerra, minha mente vagou para o passado, principalmente para o fatídico dia em que aquele bondoso senhor pôs a mão no meu ombro e me disse que, se eu obtivesse aprendizado, deixaria minha marca no mundo. Eu vinha adquirindo esse aprendizado sem perceber. Ao longo de um período de mais de vinte anos, estudara na faculdade da "Universidade da Porrada", como você já deve ter observado pela minha descrição dos diversos pontos de virada da minha vida. Lá estava eu, diante daquela janela, vendo todo o meu passado, com o lado doce e o amargo, as reviravoltas, passando em retrospectiva.

Chegava a vez de mais um ponto de virada!

Sentei-me diante da máquina de escrever e, para minha surpresa, minhas mãos começaram a tocar uma melodia regular no teclado. Eu nunca tinha escrito com tanta velocidade na vida, ou tanta facilidade. Não planejava nem pensava no que estava escrevendo – só escrevia o que me vinha à mente!

Sem perceber, estava construindo a fundação para o ponto de virada mais importante da minha vida, pois, quando terminei, tinha preparado um documento por meio do qual financiei a revista nacional que me colocou em contato com pessoas em todo lugar em que se falava inglês.

Foi dessa maneira meio dramática que um desejo que tinha vivido em sono profundo dentro da minha mente por quase vinte anos acabou sendo traduzido para a realidade. Durante todo esse tempo, eu quis ser editor de jornal. Mais de trinta anos antes, quando era menino, eu mexia na impressora do meu pai, na época em que ele publicava um jornalzinho semanal, e cresci amando aquele cheiro de tinta.

Talvez esse desejo estivesse ganhando impulso no meu subconsciente em todos esses anos de preparação, enquanto eu passava pelas experiências que circundaram os pontos de virada da minha vida, até que finalmente estourou em termos de ação; ou talvez houvesse outro plano, do qual eu não tinha o menor controle, que me motivou adiante, e nunca me dava descanso nas outras áreas em que eu atuava, até que comecei a publicar minha primeira revista.

Por mais estranho que fosse, entrei nesse ramo sem nunca pensar em procurar o final do arco-íris ou o pote de ouro que se espera que seja encontrado ali. Pela primeira vez na vida, parecia que eu estava percebendo, sem o menor espaço para dúvida, que havia algo a mais a ser buscado na vida que valia mais do que ouro; portanto, engajei-me no trabalho editorial com apenas um pensamento na mente – e faço uma pausa para você pensar um pouco nisso –, e esse pensamento era entregar ao mundo o melhor serviço que eu era capaz de fazer, ainda que meus esforços não me trouxessem nem um tostão!

A publicação da *Revista Regra de Ouro* me colocou em contato com a classe de pensadores em todo o país. Ela me deu uma grande chance de ser ouvido. A mensagem de otimismo e boa vontade entre os homens que ela transmitia se tornou tão popular que fui convidado a sair em turnê para dar palestras em todo o país, durante o início da década de 1920, com alguns dos pensadores mais progressistas desta geração. O contato com essas pessoas ajudou muito a me dar coragem para continuar a fazer esse trabalho que eu tinha começado. Essa turnê foi um processo de aprendizagem em si, pois me colocou em contato muito próximo com gente de praticamente todas as áreas, e me deu a chance de ver que os Estados Unidos eram um país enorme.

Vamos agora à descrição do clímax do sétimo ponto de virada da minha vida.

Durante a turnê de palestras, eu estava em um restaurante em Dallas, no Texas, observando a chuva mais forte que eu já tinha visto. A água escorria pelo vidro da janela em duas faixas largas, e, brincando daqui para lá, entre uma e outra dessas faixas, havia outras bem menores, compondo algo como uma grande escadaria de água.

Enquanto eu observava essa cena incomum, passou pela minha mente a ideia de que eu faria uma palestra esplêndida se organizasse tudo que tinha aprendido com os sete pontos de virada da minha vida, e tudo que tinha aprendido estudando as vidas de homens de sucesso, e oferecesse tudo isso sob o título "Escada mágica para o sucesso".

No verso de um envelope, delineei os pontos sobre os quais essa palestra foi construída, e mais tarde adaptei esses pontos para uma palestra que foi literalmente construída sobre as derrotas temporárias descritas nos sete pontos de virada da minha vida.

Todo o aprendizado que adquiri que tem algum valor é representado por esses pontos – e o material do qual esse conhecimento foi reunido não é nada além do conhecimento que foi forçado sobre mim por experiências que foram classificadas, por algumas pessoas, como fracassos.

Este livro é a soma total daquilo que reuni com esses "fracassos".

Talvez você queira saber quais benefícios materiais, monetários, ganhei com esses pontos de virada, pois você provavelmente entende que estamos vivendo em uma era em que a vida é uma fastidiosa luta pela existência e nada agradável para aqueles que foram amaldiçoados com a pobreza.

Muito bem! Serei franco com você.

Para começar, o lucro estimado com a venda deste livro é tudo de que preciso, e isso apesar do fato de que insisti que meus editores apliquem a filosofia de Ford e vendam o livro a preço popular, que esteja ao alcance de todos que o desejem.

Além do lucro com a venda do livro (que, por favor, tenha em mente, é a venda do conhecimento que adquiri com o "fracasso"), estou engajado também em escrever uma série de editoriais ilustrados que será comprada e publicada nos jornais do país. Esses editoriais se baseiam nesses mesmos pontos delineados neste livro.

O lucro líquido estimado da venda dos editoriais é mais do que suficiente para dar conta das minhas necessidades. Mencionei esses fatos somente porque sei que é coisa muito comum, para todos nós, medir o sucesso em termos de dólares e recusar, como equivocada, toda filosofia que não produza uma boa conta bancária.

Praticamente todos os anos passados da minha vida, fui pobre – extremamente pobre –, no que se refere à conta bancária. Essa condição foi, em boa parte, uma questão de escolha para mim, porque eu estava sempre colocando grande porção do meu tempo no dificultoso trabalho de me livrar de um pouco da minha ignorância e reunir um pouco da sabedoria da vida da qual eu sentia que precisava.

Das experiências descritas nesses sete pontos de virada da minha vida, juntei uns fiozinhos dourados de conhecimento que eu não poderia ter juntado de nenhum outro modo que não pela derrota!

Sinto-me feliz por ter vivenciado tanta derrota!

Isso teve o efeito de me temperar com a coragem de assumir tarefas que eu jamais teria começado se estivesse sempre cercado de influências protetoras.

A derrota é uma força destrutiva somente quando é aceita como derrota. Quando é aceita como o ensinamento de uma lição necessária, ela é sempre uma bênção.

Estou convencido de que o fracasso é o plano da natureza pelo qual ela prepara os homens do destino para realizar o trabalho deles. O fracasso é o grande cadinho da natureza no qual ela queima as impurezas do coração humano e assim purifica o metal do homem, de modo que este possa suportar o teste do uso pesado.

Encontrei evidências para sustentar essa teoria no estudo dos registros das realizações de grandes homens, de Sócrates e Cristo, ao longo dos séculos, aos tão bem conhecidos homens de sucesso dos tempos modernos. O sucesso de cada um desses homens parecia exatamente proporcional à extensão dos obstáculos e dificuldades que eles tiveram de superar.

Homem nenhum se reergueu do nocaute da derrota sem ser mais forte e sábio graças a essa experiência. A derrota nos fala em uma linguagem toda dela, uma linguagem que devemos escutar, gostemos dela ou não.

Ao me aproximar do final deste capítulo sobre a derrota, vem à minha mente um pouco da filosofia tirada dos trabalhos do grande

Shakespeare, que eu gostaria de desafiar, pois acredito ser equivocada. Ela é afirmada na seguinte citação:

> Há uma maré nos dramas dos homens
> Que, em meio à inundação, leva à fortuna;
> Omitida, toda a viagem de sua vida
> Presa no raso, e em misérias.
> Neste mar cheio estamos agora a vagar;
> E devemos pegar a corrente quando passar,
> Ou perder nossas venturas.[6]

O medo e a admissão do fracasso são as amarras que nos fazem ficar presos "no raso, e em misérias". Podemos romper essas amarras e nos livrar delas. Melhor ainda, podemos usá-las a nosso favor e fazer com que nos sirvam como a corda com a qual nos puxamos para a terra firme se observamos e lucrarmos com as lições que elas ensinam.

> Aquele que nunca sofreu, este pela metade viveu,
> Quem nunca falhou, nunca lutou nem buscou.
> Quem nunca chorou, o riso não conheceu,
> E aquele que nunca duvidou nunca pensou.[7]

– **Rev. J. B. Goode**

Ao me aproximar do final deste que é meu capítulo favorito do livro, fecho os olhos por um momento e vejo à minha frente um grande

6. Tradução nossa.
7. Tradução nossa.

exército de homens e mulheres cujos rostos mostram as linhas da preocupação e do desespero.

Alguns vestem farrapos, tendo alcançado o último estágio daquela longa, longa trilha que os homens chamam de fracasso.

Outros estão em melhores condições, mas o medo da fome se mostra evidente em seus rostos; o sorriso da coragem lhes deixou os lábios; e eles, também, parecem ter desistido da batalha.

A cena muda!

Olho de novo, e sou levado ao longo da história da luta do homem por um lugar ao sol, e ali vejo também os "fracassos" do passado – fracassos que significaram mais à raça humana do que todos os famigerados sucessos registrados na história do mundo.

Vejo o rosto conhecido de Sócrates no final dessa trilha chamada fracasso, esperando, com o olhar perdido, naqueles momentos que devem ter parecido uma eternidade, pouco antes de tomar o cálice de cicuta que lhe foi forçado por seus carrascos.

Vejo também Cristóvão Colombo, um prisioneiro preso a correntes, que foram o tributo a ele pago por seu sacrifício de velejar por mares desconhecidos para descobrir um continente ainda por conhecer.

Vejo também o rosto de Thomas Paine, o homem que os ingleses foram capturar e executar como o verdadeiro instigador da Revolução Americana. Vejo-o deitado em uma prisão nojenta na França, aguardando calmamente, sob a sombra da guilhotina, pela morte que ele esperava que lhe seria sentenciada pelo que fizera em prol da humanidade.

E vejo também o rosto do Homem da Galileia, sofrendo a cruz do Calvário – a recompensa que recebeu por seus esforços em prol de uma humanidade que sofria.

"Fracassos", todos esses!

Ah, ser um fracassado desses. Ah, entrar para a história, como fizeram esses homens, como alguém que foi bravo o bastante para colocar a humanidade acima do indivíduo e o princípio acima do ganho pecuniário.

É nesses "fracassados" que jaz a esperança do mundo.

> Ó homens chamados de "fracassados" – ergam-se! Mais uma vez!
>
> Em algum ponto do mundo da ação há lugar; há lugar para vocês.
>
> Fracasso nenhum foi registrado nos anais dos homens reais,
> Exceto dos covardes de coração que falham e não tentam mais.
> A glória está no ato, e não no troféu vencido;
> As paredes deitadas no escuro dão ao beijo do sol o riso.
>
> Ó, cansado e gasto e ferido, ó, filho dos cruéis ventos do fado que passam!
>
> Eu canto – e que possa alegrá-los –, eu canto aos homens que fracassam.[8]
>
> – **Alfred J. Waterhouse**

Seja grato à derrota que os homens chamam de fracasso, porque, se você conseguir sobreviver a ela e continuar tentando, isso lhe dará a chance de provar sua habilidade de elevar-se às alturas da realização na sua área de atuação.

Ninguém tem direito de rotulá-lo como um fracassado, a não ser você mesmo.

Se, em um momento de desespero, você se sentir inclinado a rotular-se como um fracassado, apenas lembre-se das palavras do abastado filósofo Creso, que era conselheiro de Ciro, rei dos persas: "Eu me

8. Tradução nossa.

lembro, ó, rei, e guarde esta lição no peito, de que há uma roda na qual os assuntos dos homens giram, e seu mecanismo é tal que impede todo homem de ser sempre afortunado".

Que lição maravilhosa está embrulhada nessas palavras – uma lição de esperança, coragem e promessa.

Quem de nós nunca teve dias ruins, quando tudo pareceu dar errado? Há dias em que vemos somente o lado ruim da grande roda da vida.

Vamos nos lembrar de que a roda está sempre girando. Se ela nos traz tristeza hoje, trará alegria amanhã. A vida é um ciclo de eventos que variam – sortes e reveses.

Não podemos impedir a roda do destino de girar, mas podemos modificar os infortúnios que ela nos traz nos lembrando de que a sorte virá em seguida, tão certamente quanto a noite vem após o dia, se tivermos fé em nós mesmos e, sincera e honestamente, fizermos o nosso melhor.

Nos momentos de maiores provações, ouvia-se sempre o imortal Lincoln dizer: "E isso, também, logo vai passar". Nós sabemos que o fracasso vai passar. Se aprendermos com ele, o sucesso certamente virá logo depois.

> As pessoas que alcançaram grandes resultados também depararam com o fracasso. Há duas maneiras de enxergar o fracasso: como um obstáculo ou como uma derrota temporária. Napoleon Hill encorajava seus leitores a enxergar o fracasso como uma derrota temporária e um momento de aprendizado.
>
> – **Don M. Green**
> Diretor-executivo, executivo-chefe e curador.

LIÇÃO QUINZE

TOLERÂNCIA

"Você consegue fazer se acreditar que consegue!"

Há dois traços significativos acerca da intolerância, e sua atenção é dirigida a eles no início deste capítulo.

Esses traços são:

Primeiro: a intolerância é uma forma de ignorância que deve ser dominada antes que qualquer forma de sucesso duradouro possa ser alcançada. Ela é a principal causa de todas as guerras. Cria inimizades nos negócios e nas profissões. Desintegra as forças organizadas da sociedade de mil maneiras e se coloca, como um poderoso gigante, como uma barreira para a abolição da guerra. Ela destrona a razão e coloca em seu lugar a psicologia de massa.

Segundo: a intolerância é a força mais destrutiva nas organizações religiosas do mundo, onde cria um caos junto ao maior poder para o bem que existe na Terra – ao quebrar esse poder em pequenas seitas e denominações que dispendem muito mais esforços fazendo oposição umas às outras do que destruindo os males do mundo.

A história seguinte é um exemplo pessoal dos efeitos danosos da intolerância. Um dia, fui apresentado a um jovem rapaz de aparência incomum de tão boa. A expressão branda, o aperto de mão gentil, o tom da voz e o bom gosto esplêndido com o qual se arrumava o marcavam como um jovem do tipo mais intelectual. Era o típico universitário norte-americano, e, ao passar os olhos por ele, estudando rapidamente a sua personalidade, como alguém faria naturalmente sob tais circunstâncias, observei o broche dos Cavaleiros de Colombo no colete dele.

No mesmo instante, soltei a mão dele, como se fosse um pedaço de gelo! O gesto foi tão ágil que surpreendeu tanto a ele quanto a mim mesmo. Pedi desculpas e comecei a me afastar, e olhei para o broche de maçom que eu usava no meu colete, depois dei mais uma olhada para o broche dele, dos Cavaleiros de Colombo, e me perguntei como um par de ornamentos podia abrir um abismo tão profundo entre dois homens que não sabiam nada um do outro.

Durante todo esse dia, fiquei pensando no incidente, porque me incomodava. Eu sempre me orgulhara consideravelmente do fato de que era tolerante com todos os homens – mas esse foi um surto espontâneo de intolerância que provou que, no fundo da minha mente subconsciente, existia um complexo que me influenciava em direção a essa visão estreita.

Essa descoberta me chocou tanto que comecei um processo sistemático de psicanálise por meio do qual pesquisei os pontos mais profundos da minha alma em busca da causa dessa grosseria.

Fiquei me perguntando sem parar: por que você soltou a mão daquele rapaz tão abruptamente e lhe deu as costas, mesmo sem saber nada sobre ele?

Claro que a resposta me levava, sempre, de volta ao broche dos Cavaleiros de Colombo que ele usava. Mas essa não era bem uma resposta, portanto, não me satisfazia. Os Cavaleiros de Colombo são uma organização católica, e a maçonaria é protestante, mas como broches que se referem a organizações católica e protestante podiam causar uma reação daquelas da minha parte?

Então comecei a fazer um pouco de pesquisa na área da religião. Comecei a estudar tanto o catolicismo quanto o protestantismo até que havia rastreado ambos até o seu início, linha de procedimento essa que devo confessar que me trouxe mais compreensão dos problemas da vida do que eu tinha reunido em todas as demais fontes. Por um lado, ela revelou o fato de que o catolicismo e o protestantismo diferem mais em forma do que em efeito; ambos se fundamentam na exata mesma causa, que é o cristianismo.

Mas isso não foi tudo, nem a mais importante das minhas descobertas, pois minha pesquisa me levou necessariamente a muitas direções e me forçou a entrar no campo da biologia, em que aprendi muito do que precisava saber sobre a vida em geral e o ser humano em particular. Minha pesquisa me levou também a estudar a teoria da evolução de Darwin, como delineada em *A origem das espécies*, e isso, por sua vez, levou a uma análise muito mais ampla do tema da psicologia do que a que eu tinha feito previamente.

Como comecei a pesquisar nesse sentido e naquele, em busca de conhecimento, minha mente começou a se desdobrar e se ampliar com rapidez tão alarmante que eu praticamente achei necessário limpar o quadro-negro do que eu acreditava ser meu conhecimento prévio já reunido, e desaprender muito do que até então acreditava ser a verdade.

Compreenda o significado disso que acabei de afirmar!

Imagine-se subitamente descobrindo que a maior parte da sua filosofia de vida foi construída sobre viés e preconceito, e isso o obriga a reconhecer que, longe de ser um acadêmico constituído, você mal estava qualificado para se tornar um aluno inteligente.

Foi exatamente nessa posição que me encontrei com relação a muito do que eu acreditava serem fundamentos sólidos da vida. Contudo, de todas as descobertas às quais essa pesquisa levou, nenhuma foi mais importante do que a da importância relativa da hereditariedade física e social, pois foi essa descoberta que revelou a causa da minha reação quando dei as costas para um rapaz que eu não conhecia, na ocasião que descrevi acima.

Foi essa descoberta que me revelou como e quando eu tinha adquirido minhas visões sobre religião, política, economia e muitos outros temas igualmente importantes, e eu tanto me arrependo quanto me regozijo em afirmar que descobri que a maioria dos meus pontos de vista nesses assuntos não tinha sustentação nem de uma hipótese razoável, muito menos de fatos ou motivos sólidos.

Foi então que me lembrei de uma conversa entre o falecido senador Robert L. Taylor e eu, na qual discutíamos o tema da política. Foi uma discussão amigável, visto que nós dois partilhávamos da mesma fé política, mas o senador me fez uma pergunta pela qual nunca o perdoei, até que comecei a pesquisa a que me referi.

"Vejo que você é um democrata muito convicto", disse ele, "e me pergunto se você sabe por quê?"

Pensei na pergunta por alguns segundos, depois cuspi esta resposta: "Eu sou democrata porque o meu pai também era, oras!".

Com um sorriso largo no rosto, o senador me cravou com esta réplica: "Como eu tinha pensado! Agora você não estaria em apuros se o seu pai tivesse sido ladrão de cavalo?".

Foi muitos anos mais tarde, depois de eu ter começado a pesquisa que descrevi aqui, que entendi o sentido verdadeiro da brincadeira do senador Taylor. É muito comum que tenhamos opiniões baseadas em fundação não mais firme do que aquilo em que outra pessoa acredita. Dessas experiências, surge a intolerância, e ela pode ser derrotada somente por estudo e análise razoáveis.

Aprendemos muitas lições de valor com a Primeira Guerra Mundial, tão abominável e destruidora como ela foi, mas nada mais importante do que o efeito do trabalho organizado.

Nunca antes, na história do mundo, tanto poder fora concentrado em um grupo de homens como esse que foi criado por meio do trabalho organizado dos exércitos aliados. Chegamos agora a um dos mais incríveis e significantes fatos que se encontram na análise dessas tropas aliadas, a saber, que elas foram compostas pelo mais cosmopolita grupo de soldados jamais reunido na Terra.

Católicos e protestantes, judeus e gentios, negros e brancos, amarelos e pardos, e toda raça da Terra estiveram representados nessas tropas. Se eles tinham alguma diferença com relação a raça ou credo, puseram-na de lado e subordinaram-na à causa pela qual estavam lutando. Sob o estresse da guerra, essa grande massa de humanidade foi reduzida a um nível comum no qual lutavam ombro a ombro, lado a lado, sem fazer perguntas quanto às tendências raciais ou crenças religiosas uns dos outros.

Se eles puderam pôr de lado a intolerância o bastante para lutar por suas vidas lá fora, por que não podemos fazer o mesmo ao lutar por um maior padrão de ética nos negócios, na economia e na indústria, por aqui?

É somente quando pessoas civilizadas estão lutando por suas vidas que elas têm essa visão mais ampla de colocar de lado a intolerância e cooperar na progressão de um objetivo em comum?

Se todas as igrejas, escolas, jornais, clubes e organizações civis da sua cidade se aliassem para dar andamento a uma causa em comum, você consegue ver como uma aliança dessas criaria poder suficiente para garantir o sucesso dessa causa?

Traga o exemplo para mais perto ainda dos seus interesses individuais, com uma aliança imaginária entre todos os empregadores e todos os empregados da sua cidade, pelo propósito de reduzir atritos e mal-entendidos, doravante permitindo que todos prestem melhores serviços com custo menor para o público e maior lucro para si mesmos.

Aprendemos, com a Primeira Guerra Mundial, que não podemos destruir uma parte sem enfraquecer o todo, que, quando uma nação ou grupo de pessoas são reduzidos à pobreza e à falta, o restante do mundo sofre também. Dito de outra forma, aprendemos com a Primeira Guerra Mundial que a cooperação e a tolerância são a verdadeira fundação do sucesso duradouro.

Claro que os indivíduos mais pensativos e observadores não deixarão de lucrar (como indivíduos) com essas grandes lições que aprendemos com a guerra.

O objetivo principal deste livro, e principalmente deste capítulo, é educar mais do que informar – e com a palavra "educar" nos referimos a extrair, desenvolver a partir de dentro, fazê-lo usar o poder que jaz dormente em seu interior, esperando pelo toque de um estímulo apropriado para incitá-lo a agir.

Concluindo, gostaria de deixar com você meus sentimentos pessoais acerca da tolerância, no ensaio que segue, que escrevi no momento em que passava por uma das minhas experiências mais difíceis, quando um inimigo estava tentando arruinar minha reputação e destruir os resultados de toda uma vida de esforço honesto na intenção de fazer algo de bom para o mundo.

Quando o alvorecer da inteligência tiver aberto suas asas sobre o horizonte oriental do progresso, e a ignorância e a superstição tiverem deixado suas últimas pegadas nas areias do tempo, será registrado no livro dos crimes e equívocos dos homens que seu pecado mais grave foi o da intolerância.

A intolerância em sua forma mais amarga cresce de diferenças de opinião racial e religiosa, como resultado de treinamento recebido cedo, na infância. Quanto tempo, ó, Mestre do Destino dos Homens, até que nós, pobres mortais, possamos compreender a tolice que é tentar destruir uns aos outros por causa de dogmas e credos, e outras questões superficiais, sobre as quais não concordamos?

O tempo que temos nesta Terra não passa de um momento fugaz, no máximo!

Como uma vela, somos acesos, brilhamos por um momento, e apagamos! Por que não podemos viver, durante esta permanência terrena, de modo que, quando a Grande Caravana chamada Morte surgir e anunciar que essa visita está para terminar, estejamos prontos para dobrar nossas barracas e, como os árabes do deserto, silenciosamente acompanhar a caravana em direção à escuridão do desconhecido, sem medo, sem tremor?

Espero que eu não encontre judeus nem gentios, católicos nem protestantes, alemães nem ingleses, franceses ou russos, brancos ou negros, vermelhos ou amarelos, quando eu tiver cruzado a barreira para o outro lado.

Espero que eu encontre somente outras almas humanas, irmãos e irmãs, todos eles, sem as marcas de raça, credo ou cor, pois eu gostaria de me ver livre da intolerância, para poder me deitar e descansar, sem a perturbação da disputa, da ignorância, da superstição e dos mal-entendidos mesquinhos que marcam, com caos e pesar, esta existência terrena.

> Tolerância é simplesmente aprender a respeitar os outros e as opiniões deles, a despeito de você concordar com eles ou discordar deles. Isso permite a você apreciar uma vida mais pacifica.

– **Don M. Green**
Diretor-executivo, executivo-chefe e curador.

LIÇÃO DEZESSEIS

A REGRA DE OURO

"Você consegue fazer se acreditar que consegue!"

Este capítulo é a estrela-guia que lhe permitirá usar, de maneira proveitosa e construtiva, o conhecimento reunido nos capítulos precedentes.

Por mais de 25 anos, tenho observado a maneira como os homens se comportam quando têm poder, e fui forçado à conclusão de que o homem que obtém poder de qualquer outra forma que não por processo lento, pouco a pouco, está em constante perigo de destruir a si mesmo e àqueles que ele influencia.

Deve ter ficado óbvio para você, muito antes disto, que todo este livro leva à obtenção de poder em proporções que podem ser levadas a realizar algo que parece ser "impossível". Felizmente, fica aparente que esse poder só pode ser obtido pela observância de muitos princípios fundamentais, todos os quais convergem para este capítulo, que se baseia em uma lei que se equivale tanto quanto transcende em importância todas as demais leis delineadas nos capítulos precedentes.

Igualmente, fica aparente para o leitor atento que esse poder pode durar somente pela observância rigorosa da lei sobre a qual se fundamenta este capítulo, pois nele se encontra a "válvula de escape" que protege o leitor descuidado dos perigos da própria insensatez – e protege também aqueles a quem ele poderia colocar em perigo se tentasse driblar a prescrição estabelecida neste capítulo.

Por mais de quatro mil anos, os homens têm pregado a Regra de Ouro como uma regra adequada de conduta, porém, infelizmente, o mundo aceitou a palavra e ao mesmo tempo perdeu completamente o espírito dessa prescrição universal. Aceitamos a filosofia da Regra de Ouro meramente como uma regra razoável de conduta ética, mas falhamos em compreender a lei na qual ela se baseia.

A Regra de Ouro significa, substancialmente, fazer aos outros o que você gostaria que eles fizessem a você caso as posições fossem invertidas.

Mas por quê? Qual é o verdadeiro motivo para ter essa consideração bondosa com os outros? O verdadeiro motivo é este: existe uma lei eterna por meio da qual colhemos aquilo que plantamos. Quando você selecionar a regra de conduta pela qual se guia nas suas transações que faz com os outros, será bondoso e justo, muito provavelmente, se souber que está colocando em movimento, com essa escolha, um poder que seguirá seu caminho, por bem ou por mal, nas vidas dos outros, retornando, finalmente, para ajudá-lo ou atrapalhá-lo, segundo a natureza dele.

"Aquilo que um homem planta será o mesmo que há de colher."

É privilégio seu lidar injustamente com os outros; porém, se você entende a lei na qual se baseia a Regra de Ouro, tem de saber que lidar injustamente com os outros "vai se voltar contra você".

Essa regra não se resume a meramente devolver para você os atos de injustiça e ruindade que você cometeu com os outros; ela vai além

– muito além disso – e devolve para você os resultados de todos os pensamentos que você libera.

Portanto, é aconselhável não somente "fazer aos outros o que você gostaria que eles fizessem para você", mas também, para valer-se totalmente dos benefícios dessa grande lei universal, "pensar nos outros como você gostaria que eles pensassem em você".

Embora este livro trate das mais elevadas leis do universo – leis essas que os homens são capazes de interpretar –, o objetivo sempre foi mostrar como essas leis podem ser usadas nas questões práticas da vida. Com esse objetivo da aplicação prática em mente, vamos agora proceder à análise do efeito da Regra de Ouro pelo incidente seguinte.

O poder da oração

– Não – disse o advogado –, não aceitarei sua alegação contra esse homem; você pode arranjar outra pessoa para cuidar do caso, ou pode retirar a acusação; faça como quiser.

– Não acha que tem dinheiro nessa história?

– Provavelmente haveria um dinheiro nisso, sim, mas viria da venda da casinha que o homem ocupa e chama de lar! Mas não quero me envolver com o caso, de todo modo.

– Ficou com medo, foi?

– De jeito nenhum.

– Imagino que o sujeito implorou de joelhos para que o liberassem.

– Bom, sim. Foi assim.

– E você cedeu, imagino.

– Sim.

– Que raios você fez?

– Acho que cheguei até a chorar.

– E o senhor implorou até não poder mais, então?

– Não, não foi isso que eu disse; ele não me dirigiu uma palavra sequer.

– Bom, e posso, com todo o respeito, perguntar a quem ele se dirigiu na audiência?

– Deus Todo-Poderoso.

– Ah, ele deu pra rezar, então?

– Não rezou por mim, nem um pouco. Veja, encontrei a casinha facilmente e bati à porta da entrada, que estava entreaberta. Mas ninguém me ouviu, então entrei em um alpendre e vi, pela fenda da porta, uma salinha aconchegante, e lá na cama, com a cabeça grisalha sobre uma pilha de travesseiros, uma senhorinha que parecia, e juro para você, com a minha mãe da última vez que a vi viva. Bom, eu estava prestes a bater, quando ela disse: "Vamos, pai, pode começar; estou pronta". E de joelhos, ao lado dela, estava um senhor grisalho que devia ser ainda mais velho, imagino eu. Bom, ele começou. Primeiro, ele lembrou a Deus que eles ainda eram seus filhos submissos, mãe e ele, e que qualquer coisa que ele achasse justo trazer para eles, eles não deveriam se rebelar contra a vontade dele. Claro que seria difícil demais, para eles, ficar sem casa nessa idade avançada, principalmente com a pobre senhora tão doente e desamparada, e ah!, como teria sido tudo tão diferente se ao menos um dos meninos tivesse sido poupado. Então a voz dele meio que falhou, e a mão clarinha, ele tirou de debaixo das cobertas e passou devagarinho no cabelo branco. Então ele continuou e repetiu que nada poderia ser tão duro quanto perder aqueles três filhos... a não ser que ele e a mãe acabassem separados. Mas, finalmente, ele passou a se confortar com o fato de que o Senhor sabia que não tinha sido por culpa dele que ele e a mãe tinham sido ameaçados de perder a casinha que tanto amavam, o que significaria viver de esmola ou em um asilo... lugar esse em que eles rezavam para que não lhes acontecesse de entrar, estivesse isso de acordo com a vontade de

Deus. E depois ele citou uma série de promessas acerca da segurança daqueles que colocam sua fé no Senhor. Na verdade, foi a oração mais inspiradora que já escutei. E, finalmente, ele orou pela bênção de Deus sobre aqueles que estavam prestes a demandar justiça.

O advogado, então, prosseguiu:

– E eu, acredite, prefiro ir parar no asilo dos pobres, eu mesmo, ainda hoje, a manchar o meu coração e as minhas mãos com o sangue de um processo como esse.

– Está com medo de enfrentar a oração do velho?

– Virgem Santa, homem, não há como enfrentar! – disse o advogado. – Eu lhe digo que ele deixou tudo nas mãos de Deus, mas alegou que todos nós devemos fazer conhecer a Deus os nossos desejos. De todas as preces que já ouvi, essa ganha de todas. Veja, ensinaram-me esse tipo de coisa na infância. De todo modo, por que fui eu enviado ali para ouvir a oração? Não faço a menor ideia, mas não vou pegar o caso, não.

– Eu preferiria – disse o cliente, impaciente – que você não tivesse me contado da oração do velho.

– E por quê?

– Bom, porque quero o dinheiro que o lugar renderia, mas aprendi a Bíblia muito bem quando era criança e odiaria me contrapor a isso que você me conta. Eu queria que você não tivesse ouvido uma palavra disso, e, repito, eu não daria ouvidos a petições que não foram a mim destinadas.

O advogado tornou a sorrir.

– Meu caro rapaz – disse ele –, você está errado mais uma vez. Ela foi destinada aos meus ouvidos, e aos seus também. E foi Deus Todo-Poderoso quem a destinou. Minha velha mãe costumava cantar sobre Deus agindo de formas misteriosas, eu me lembro bem.

– Bem, a minha mãe costumava cantar essas coisas também – disse o requerente, torcendo a papelada do pleito entre os dedos. – Pode ligar amanhã de manhã, se quiser, e dizer à "mãe" e a "ele" que a dívida está paga.

– De formas misteriosas – acrescentou o advogado, sorrindo.

Nem essa lição nem o livro do qual ela faz parte se baseiam em uma apelação ao sentimentalismo piegas, mas não há como fugir da verdade de que o sucesso, em sua forma mais alta e nobre, leva a pessoa, finalmente, a enxergar todas as relações humanas com um sentimento de profunda emoção, como esse que o advogado sentiu quando ouviu a oração do idoso.

Vou dar outro exemplo da aplicação da Regra de Ouro.

Trinta homens, olhos vermelhos e desgrenhados, estavam alinhados diante do juiz do tribunal de São Francisco. Eram o grupo de bêbados e desordeiros de todas as manhãs. Alguns eram mais velhos e amargos; outros tinham a cabeça baixa, envergonhados. Assim que a desordem momentânea decorrente da chegada dos prisioneiros diminuiu, aconteceu uma coisa estranha. Uma voz forte e límpida, lá de baixo, começou a cantar: "A noite passada eu dormia, e veio um sonho tão bom".

"A noite passada!" Esta tinha sido para todos eles um pesadelo ou o estupor da embriaguez. A canção fazia um contraste tamanho com o fato terrível que ninguém pôde evitar o choque súbito diante da ideia que a canção sugeria.

"Eu estava na velha Jerusalém, ao lado do templo de lá", prosseguiu a canção.

O juiz parou. Perguntou algo, baixinho. Um ex-cantor de uma companhia de ópera conhecida em todo o país aguardava julgamento por falsificação. Era ele quem cantava, de sua cela.

Enquanto isso, a canção não parava, e cada homem na fileira mostrou-se emocionado. Um ou dois ficaram de joelhos; um menino, no fim da fila, após um esforço desesperado para manter o controle, recostou-se na parede, meteu o rosto nos braços e soluçou: "Ó, minha mãe, minha mãe".

Os soluços, cortando o coração das pessoas que os ouviam, e a canção, ainda se espalhando pelo tribunal, misturaram-se à quietude. Finalmente, um homem protestou: "Juiz, temos que nos submeter a isto? Viemos aqui para ser punidos, mas isto...", e este também começou a chorar.

Foi impossível prosseguir com os trâmites do tribunal, entretanto, o tribunal não deu ordem para que parassem a música. Um sargento, depois de tentar manter os homens enfileirados, recuou e aguardou junto aos demais. A canção seguiu para o clímax: "Jerusalém, Jerusalém! Cante, pois a noite terminou! Hosana, nas alturas! Hosana, todo o sempre".

Em um êxtase de melodia, soaram as últimas palavras e então houve silêncio. O juiz olhou para os rostos dos homens à sua frente. Não havia um que não tivesse sido tocado pela canção, um em que não tivesse sido atiçado um impulso para ser melhor. Ele não tratou dos casos um por um – na verdade, deu um bondoso conselho, dirigido a todos eles, e os dispensou todos. Nenhum deles foi multado ou condenado à casa de trabalho naquela manhã. A canção fizera mais bem do que a punição jamais poderia realizar.

Você leu as histórias de um advogado da Regra de Ouro e de um juiz da Regra de Ouro. Nesses dois incidentes comuns, do dia a dia, você observou como a Regra de Ouro funciona quando aplicada.

Uma atitude passiva com relação à Regra de Ouro não trará resultados; não basta apenas acreditar na filosofia quando, ao mesmo tempo, você não consegue aplicá-la nas suas relações com os outros.

Se você quiser resultados, é preciso ter uma atitude ativa em relação à Regra de Ouro.

Nem lhe será de utilidade proclamar ao mundo a sua crença na Regra de Ouro enquanto suas ações não estiverem em harmonia com o que você alega. Dito de outra maneira, não será de utilidade alguma parecer que você pratica a Regra de Ouro enquanto, no coração, você está disposto e ávido por usar essa lei universal da conduta correta como manto para encobrir uma natureza egoísta e avara. Até a pessoa mais ignorante vai "perceber" aquilo que você realmente é.

O caráter humano sempre se mostra. Ele nunca se esconde. Ele odeia o escuro – ele corre para a luz. Ouvi um advogado experiente dizer que nunca temia, em um júri, o efeito causado por um advogado oponente que não acreditava, no fundo do coração, que o cliente deveria mesmo receber um veredito favorável. Se ele não acredita, sua descrença aparecerá para o júri, apesar de todos os seus protestos, e se tornará a descrença deles. Essa é a lei pela qual uma obra de arte, de qualquer tipo, coloca-nos no mesmo estado de espírito que tinha o artista quando a criou. Não podemos replicar direito aquilo em que não acreditamos, ainda que possamos repetir as palavras com frequência.

Se você quiser saber o que acontece a um homem quando ele desconsidera totalmente a lei sobre a qual a filosofia da Regra de Ouro se baseia, nem alega que acredita nela, escolha qualquer pessoa da sua comunidade que você sabe que vive com o único propósito dominante de acumular riqueza, e que não tem escrúpulos nem consciência acerca de como acumula essa riqueza. Estude essa pessoa e você observará que não há calor na alma dela; não há bondade em suas palavras; não há receptividade em seu rosto. Ela se tornou uma escrava do desejo de riqueza; está ocupada demais para apreciar a vida e é egoísta demais para desejar ajudar outras pessoas para tanto. Ela anda, fala e respira, mas não passa de um humano autômato. Entretanto, existem muitos que invejam uma pessoa como essa e desejam ocupar a posição dela, acreditando tolamente que ela é uma pessoa de sucesso.

Não pode haver sucesso sem felicidade, e nenhuma pessoa pode ser feliz sem entregar felicidade às outras. Ademais, essa entrega tem que ser voluntária e não ter outro objetivo em vista que não seja espalhar a luz do sol sobre o coração daqueles cujo coração está pesado de tantos fardos.

Talvez você esteja se perguntando por que o tema da honestidade não foi mencionado neste livro como pré-requisito para o sucesso; se estiver, a resposta será encontrada neste capítulo. A filosofia da Regra de Ouro, quando entendida e aplicada corretamente, torna impossível a desonestidade. Ela faz mais do que isso – ela torna impossíveis todas as outras qualidades destrutivas, como egoísmo, ganância, inveja, fanatismo, ódio e malícia.

Quando aplica a Regra de Ouro, você se torna, de uma só vez, tanto o juiz quanto o réu – o acusado e o acusador. Isso coloca a pessoa em uma posição na qual a honestidade começa no coração dela, voltada para ela mesma, e se estende para todos os outros, com o mesmo efeito.

Não é crédito algum ser honesto quando a honestidade é, obviamente, a política que mais traz benefícios para que não se perca um bom freguês ou cliente de valor ou seja mandado à prisão por fraude. Porém, quando a honestidade traz uma perda material temporária ou permanente, ela se torna uma honra do mais alto grau para todos que a praticam. Essa honestidade é apropriadamente recompensada no poder acumulado de caráter e reputação de todos que são merecedores.

Quem entende e aplica a filosofia da Regra de Ouro é sempre escrupuloso e honesto, não somente por seu desejo de ser justo com os outros, mas também por causa de seu desejo de ser justo consigo. Ele entende a lei eterna sobre a qual se baseia a Regra de Ouro e sabe que, por meio da operação dessa lei, cada ato ao qual se permite terá contraponto em algum fato ou circunstância com os quais mais tarde ele será confrontado.

Entenda a lei sobre a qual a prescrição da Regra de Ouro se baseia, e você entenderá também a lei que une eternamente toda a humanidade em um único laço de amizade e torna impossível para você fazer mal a outra pessoa, por pensamento ou ato, sem que faça mal a si mesmo – e isso, igualmente, acrescenta ao seu caráter os resultados de cada pensamento e ato bondoso que você fez.

Entenda essa lei e você, então, saberá, sem a menor sombra de dúvida, que está constantemente se punindo por cada coisa errada que comete e se recompensando por cada ato de conduta construtiva em que se empenha.

Para que possamos mais concretamente descrever a lei sobre a qual se baseia este capítulo, vamos elencá-la em um código de ética que aquele que deseja seguir literalmente a prescrição da Regra de Ouro deve adotar adequadamente, como segue:

Meu código de ética

1. Acredito na Regra de Ouro como a base de toda conduta humana. Portanto, serei justo, generoso e bondoso com os outros sempre, ainda que eu saiba que esses atos podem passar despercebidos e não ser recompensados, nos termos comuns da recompensa – porque entendo e pretendo aplicar a lei por meio de cuja ajuda o caráter de uma pessoa acaba sendo a soma total de seus atos e ações.
2. Serei honesto, mesmo no menor dos detalhes, em todas as transações que faço com os outros, não somente por causa do meu desejo de ser bondoso com eles, mas também por causa do meu desejo de imprimir a ideia da honestidade na minha

mente subconsciente, doravante entremeando essa qualidade essencial no meu caráter.

3. Perdoarei aqueles que são injustos comigo sem pensar se eles merecem isso ou não, porque entendo a lei por meio da qual perdoar os outros fortalece o meu caráter e limpa os efeitos das minhas transgressões na minha mente subconsciente.
4. Todo o tempo que eu tiver para devotar à descoberta e exposição das fraquezas e faltas dos outros, eu o devotarei, de modo mais benéfico, à descoberta e correção das minhas.
5. Não difamarei pessoa alguma, por mais que eu venha a crer que essa outra pessoa o mereça, porque não quero plantar sugestões destrutivas na minha mente subconsciente.
6. Reconheço o poder do pensamento como uma entrada que conduz ao meu cérebro vinda do oceano universal da vida; portanto, não deixarei vagar pensamentos destrutivos por esse oceano, para que não poluam a mente dos outros.
7. Dominarei a tendência normal dos humanos para o ódio, a inveja, o egoísmo, o ciúme, a malícia, o pessimismo, a dúvida e o medo; pois acredito que estes são a semente da qual o mundo colhe a maioria dos seus problemas.
8. Quando minha mente não estiver ocupada com pensamentos que tendem para a obtenção do meu objetivo principal definido na vida, eu a manterei, voluntariamente, ocupada com pensamentos de coragem, autoconfiança e boa vontade com os outros, e fé, bondade, lealdade, amor pela verdade e justiça, pois acredito que são a semente da qual o mundo faz sua colheita de crescimento e progresso.
9. Entendo que uma mera crença na solidez da filosofia da Regra de Ouro não tem valor algum, tanto para mim quanto para os outros; portanto, colocarei, ativamente, em operação

essa regra universal para o bem em todas as minhas transações com os outros.

10. Entendo a lei por meio de cuja operação meu caráter é desenvolvido a partir dos meus atos e pensamentos; portanto, guardarei com cuidado tudo que servirá para o seu desenvolvimento.
11. Percebendo que a felicidade duradoura vem somente por meio de ajudar os outros a encontrá-la, que ato nenhum de bondade passa sem recompensa, ainda que não seja nunca diretamente recompensado, farei o meu melhor para ajudar os outros quando e onde houver oportunidade.

Há pessoas que acreditam que a filosofia da Regra de Ouro não passa de uma teoria e que não está, de modo algum, conectada a uma lei imutável. Elas chegaram a essa conclusão por causa de experiências pessoais nas quais prestaram serviço para os outros sem aproveitar os benefícios da recíproca direta.

Quantos existem por aí que prestaram aos outros serviço que nunca foi recompensado nem apreciado? Tenho certeza de que tive uma experiência dessas não uma, mas diversas vezes, e tenho a mesma certeza de que terei experiências similares no futuro, e que não vou parar de prestar serviço para os outros apenas porque eles nunca recompensaram nem apreciaram meus esforços.

E eis o motivo: quando presto serviço aos outros, ou conduzo um ato de bondade, aloco na minha mente subconsciente o efeito dos meus esforços, o que pode ser comparado a "carregar" uma bateria. Aos poucos, se eu me empregar em um número suficiente de tais ações, terei desenvolvido um caráter positivo e dinâmico que atrairá para perto de mim pessoas que harmonizam ou se assemelham com o meu caráter.

Aqueles que atraio para mim recompensarão os atos de bondade e de serviço que prestei a outros, e assim a lei da compensação terá equilibrado as balanças da justiça para mim, trazendo de volta, de uma fonte, os resultados do serviço que prestei através de uma fonte completamente diferente.

A lei de "olho por olho e dente por dente" baseia-se na mesma lei que aquela na qual a Regra de Ouro opera. Isso não passa de lei de retaliação, com a qual nós todos temos familiaridade. Até mesmo a pessoa mais egoísta responderá a essa lei, porque não poderá evitar! Se eu falar mal de você, ainda que eu diga a verdade, você não pensará bem de mim. Ademais, provavelmente retribuirá na mesma moeda. Contudo, se eu falar das suas virtudes, você pensará bem de mim, e, quando aparecer a oportunidade, retribuirá na mesma moeda, na maioria das vezes.

Lembre-se de que a sua reputação é feita pelos outros, mas o seu caráter é você quem faz!

Você quer que a sua reputação seja favorável, mas não há como ter certeza de que ela será, pelo fato de ser algo que existe fora do seu controle, na mente dos outros. É aquilo que os outros acreditam que você é. Com o seu caráter, é diferente. Seu caráter é aquilo que você é, como resultado dos seus pensamentos e ações. Você o controla. Você pode fazer dele fraco, bom ou mau. Quando estiver satisfeito e souber, na sua mente, que o seu caráter está além da reprovação, você não precisará se preocupar com a sua reputação, pois será tão impossível para o seu caráter ser destruído ou prejudicado por alguém que não seja você quanto o é para se destruir matéria ou energia.

Era essa verdade que Emerson tinha em mente quando disse: "Uma vitória política, um aumento no aluguel, a melhora do seu amigo doente ou o retorno do amigo ausente, ou algum outro evento exterior, eleva o seu ânimo e você acha que seus dias estão prontos para você. Não acredite nisso. Nunca pode ser assim. Nada pode lhe trazer paz a não ser você mesmo. Nada pode lhe trazer paz a não ser o triunfo dos princípios".

A Regra de Ouro

Esta regra inclui o todo da religião; ela contém todos os preceitos, mandamentos e meios dos futuros triunfos do bem sobre o mal, da verdade sobre o erro e da paz e da felicidade dos homens, todos preditos nas visões gloriosas dos profetas. Marque estas palavras. Ela não diz apenas que é uma regra sábia, que está de acordo com os princípios da ordem divina revelados na lei e pelos profetas. Ela incorpora tudo isso; é a lei e são os profetas. Ela inclui o amor a Deus. Diz que devemos considerá-lo como gostaríamos que ele nos considerasse, que devemos fazer a ele o que queremos que ele faça a nós. Se desejamos que ele nos ame com todo o seu coração, com toda a sua alma, com toda a sua mente e com toda a sua força, devemos amá-lo da mesma maneira. Se desejamos que nosso vizinho nos ame como ele ama a si mesmo, devemos amá-lo como amamos a nós mesmos. Eis, então, a lei universal e divina do serviço e da comunhão humanos. Não é um preceito da sabedoria humana; ela tem origem na natureza divina e manifestação na natureza humana.

Ao longo de todo este livro, um princípio em especial foi enfatizado no intuito de ilustrar a verdade de que toda personalidade é a soma total dos pensamentos e ações de um indivíduo – que acabamos tendo a aparência da natureza dos nossos pensamentos principais.

O pensamento é o único poder que pode sistematicamente organizar, acumular e reunir fatos e materiais de acordo com um plano definido. Um rio que flui pode juntar terra e construir um terreno, e uma tempestade pode juntar e reunir gravetos em uma massa amorfa de detrito, mas nem a tempestade nem o rio podem pensar; portanto, os materiais que eles juntam não são reunidos em uma forma organizada e definida.

Apenas o homem tem o poder de transformar seus pensamentos em realidade física; apenas o homem pode sonhar e fazer seus sonhos se tornarem realidade.

Ninguém conhece os limites do poder do pensamento, ou se ele tem algum limite. Tudo aquilo que o homem acredita que pode fazer, ele acaba fazendo. Apenas poucas gerações atrás, os escritores mais imaginativos ousaram escrever sobre a viagem ao espaço, e vejam só! Ela se tornou realidade, e hoje é um evento comum. Por meio do poder evolucionário do pensamento, as esperanças e ambições de uma geração se tornam a realidade da seguinte.

O poder do pensamento ganhou posição principal ao longo deste livro. Ele pertence a essa posição porque a posição dominante do homem no mundo é o resultado direto do pensamento, e deve ser esse poder que você, como indivíduo, usará para alcançar o sucesso, qualquer que seja a sua ideia do que representa o sucesso.

Agora você chegou ao ponto em que deveria fazer um inventário de si mesmo, no intuito de definir de quais qualidades você precisa para ter uma personalidade balanceada e completa.

> Todos os princípios de sucesso podem ser resumidos na prática da Regra de Ouro. Devemos tratar os outros do mesmo modo com que queremos ser tratados.
>
> – **Don M. Green**
> Diretor-executivo, executivo-chefe e curador.

Diversos fatores maiores fizeram parte da construção deste livro. Analise a si mesmo com atenção – com a ajuda de uma ou mais pessoas, se achar necessário – com o intuito de definir em quais dos fatores deste livro você tem mais fraquezas. Depois concentre esforços nesses capítulos específicos até ter desenvolvido por completo os fatores que eles representam. O sucesso, então, será seu.

CITADEL
Grupo Editorial

Livros para mudar o mundo. O seu mundo.

Para conhecer os nossos próximos lançamentos
e títulos disponíveis, acesse:

www.**citadel**.com.br

/citadeleditora

@citadeleditora

@citadeleditora

Citadel – Grupo Editorial

Para mais informações ou dúvidas sobre a obra,
entre em contato conosco por e-mail:

contato@**citadel**.com.br

OS PRINCÍPIOS
DA FILOSOFIA
DO SUCESSO DE
NAPOLEON HILL
APPLIED FAITH
GOING THE EXTRA MILE
DEFINITENESS OF PURPOSE
CONTROLLED ATTENTION
POSITIVE MENTAL ATTITUDE
CREATIVE VISION
ENTHUSIASM
MAINTENANCE OF SOUND HEALTH
PLEASING PERSONALITY
TEAMWORK
BUDGETING TIME AND MONEY
THE MASTER MIND
COSMIC HABIT FORCE
LEARNING FROM ADVERSITY AND DEFEAT
ACCURATE THINKING
SELF DISCIPLINE

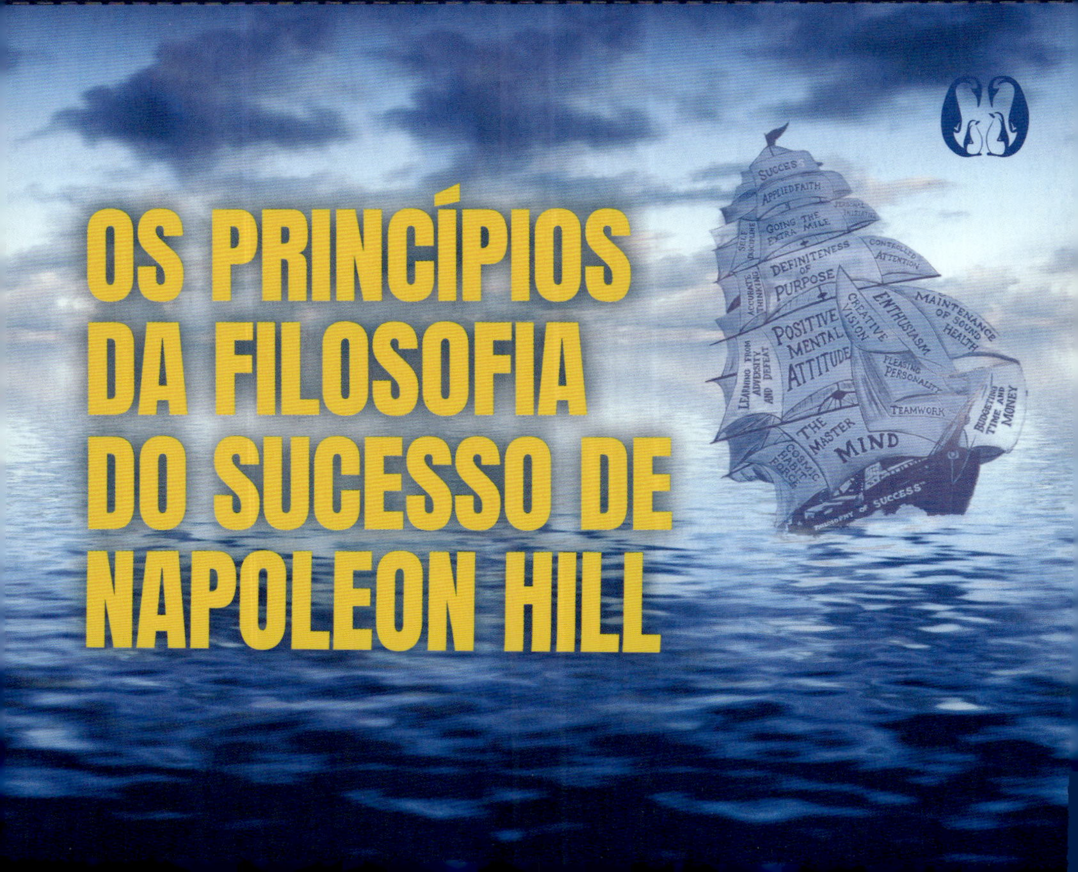
OS PRINCÍPIOS
DA FILOSOFIA
DO SUCESSO DE
NAPOLEON HILL

1 Estabeleça um objetivo principal definido

— O ponto inicial de todas as conquistas válidas

Você deve ter um propósito definido elevado, excepcional e mantê-lo sempre diante de si. Você pode ter muitos objetivos - que não sejam conflitantes — que o ajudarão a alcançar seu objetivo principal definido. É aconselhável ter objetivos imediatos, intermediários e distantes. Quando você estabelece um objetivo principal definido, torna-se apto a reconhecer aquilo que o ajudará a alcançá-lo.

- Determine ou fixe na sua mente exatamente aquilo que você deseja. Seja bem específico.
- Avalie e determine exatamente aquilo que você dará em troca.
- Estipule uma data definida de exatamente quando você pretende alcançar seu objetivo.
- Identifique o seu desejo com um plano definido para executar e alcançar o seu objetivo - coloque o seu plano em *ação* agora mesmo.
- Defina claramente o seu plano de realização. Escreva de modo claro e consciente *exatamente* o que você quer, *exatamente* quando quer alcançar e *exatamente* o que pretende dar em troca.

Todos os dias, de manhã e à noite, leia a sua afirmação em voz alta. Conforme lê, visualize, sinta e *acredite* que já está em posse do seu objetivo.

2 Faça uso do MasterMind

Uma aliança de MasterMind consiste em duas ou mais mentes trabalhando juntas em um espírito de perfeita harmonia para obter um objetivo específico.

Esse princípio permite que você, pela associação com outras pessoas, adquira e utilize o conhecimento e a experiência necessários para a obtenção de qualquer meta desejada na vida.

Você pode criar sua aliança de MasterMind cercando-se dos conselhos ou da colaboração de diversas pessoas que estejam dispostas a lhe oferecer um apoio sincero para a obtenção do seu objetivo, em um espírito de perfeita harmonia.

Uma aliança de MasterMind pode ser feita com a sua esposa, seu gerente, um amigo, um colega de trabalho etc. Uma vez que a aliança de MasterMind é formada, o grupo como um todo deve ser e permanecer ativo. O grupo deve seguir com um plano definido, num prazo definido, em direção a um objetivo comum definido.

Indecisão, falta de ação ou procrastinação destruirão a utilidade da aliança. Deve haver um encontro total de mentes, sem reservas da parte de nenhum dos membros.

Você pode ter diversas alianças de MasterMind, cada uma com objetivos diferentes; por exemplo, uma aliança com o seu cônjuge para alcançar um objetivo da família; uma aliança com o seu gerente do banco ou consultor de investimentos etc.

OS PRINCÍPIOS
DA FILOSOFIA
DO SUCESSO DE
NAPOLEON HILL
APPLIED FAITH
GOING THE EXTRA MILE
DEFINITENESS OF PURPOSE
CONTROLLED ATTENTION
POSITIVE MENTAL ATTITUDE
CREATIVE VISION
ENTHUSIASM
MAINTENANCE OF SOUND HEALTH
LEARNING FROM ADVERSITY AND DEFEAT
PLEASING PERSONALITY
TEAMWORK
BUDGETING TIME AND MONEY
THE MASTER MIND
COSMIC HABIT FORCE

OS PRINCÍPIOS
DA FILOSOFIA
DO SUCESSO DE
NAPOLEON HILL
APPLIED FAITH
GOING THE EXTRA MILE
DEFINITENESS OF PURPOSE
CONTROLLED ATTENTION
POSITIVE MENTAL ATTITUDE
CREATIVE VISION
ENTHUSIASM
MAINTENANCE OF SOUND HEALTH
LEARNING FROM ADVERSITY AND DEFEAT
PLEASING PERSONALITY
TEAMWORK
BUDGETING TIME AND MONEY
THE MASTER MIND
COSMIC HABIT FORCE

3 Empregue a fé aplicada

▹ A fé é um estado de espírito que possibilita a manifestação de suas metas, seus desejos, planos e propósitos em equivalente físico ou financeiro.

▹ A fé aplicada significa *ação* — especificamente, o hábito de aplicar sua fé sob toda e qualquer circunstância. É fé em Deus, em si mesmo, em seus semelhantes, e nas oportunidades ilimitadas que estão disponíveis para você.

▹ A fé, sem a *ação*, está morta. A fé é a arte de *acreditar ao agir.* A fé vem como resultado da *persistência*. A fé é a ausência de dúvida e de medo. A fé, em sua aplicação positiva, é a porta que lhe permitirá uma comunicação direta com a Inteligência Infinita.

▹ A fé aplicada é a crença num objetivo ou propósito, apoiada pela ação. Se você quer resultados, experimente fazer uma oração. Quando rezar, expresse sua gratidão pelas bênçãos que você já recebeu, depois peça à Inteligência Infinita pela ajuda Dela. Afirme as coisas que deseja nas orações, toda noite e toda manhã. Use a sua imaginação para ver-se já em posse delas e *aja* precisamente como se você já as possuísse. A posse de qualquer coisa ocorre primeiro mentalmente, imaginando isso com a visão da sua mente.

A ORAÇÃO É O SEU MAIOR PODER!

4 Ande uma milha a mais

Faça mais do que lhe pagam para fazer. Preste sempre um serviço mais amplo e melhor e faça isso com uma Atitude Mental Positiva. Adquira o hábito de "andar uma milha a mais" pelo simples prazer que isso lhe causa, pelo que isso lhe proporciona e, no fundo, por si mesmo. É inevitável que toda semente de serviço útil que você plantar se multiplique e retorne para você em impressionante abundância.

Seguir este princípio o tornará indispensável para as outras pessoas. O princípio se manifesta em duas leis importantes: uma é a lei da *compensação*, e a outra é a lei dos *retornos crescentes*. Essas leis invariáveis sempre recompensam o esforço inteligente prestado numa atitude de fé e instintivamente, sem a preocupação com uma compensação imediata.

$$Q + Q + AM = C$$

A qualidade do serviço prestado, somada à quantidade de serviço prestado, somadas à atitude mental com a qual o serviço é prestado equivalem à sua compensação no mundo e o tamanho do espaço que você ocupará no coração dos seus semelhantes.

TORNE O "ANDAR UMA MILHA A MAIS COM AMP" UM HÁBITO!

OS PRINCÍPIOS DA FILOSOFIA DO SUCESSO DE NAPOLEON HILL

OS PRINCÍPIOS DA FILOSOFIA DO SUCESSO DE NAPOLEON HILL

5 Desenvolva uma personalidade agradável

Sua personalidade é o seu maior recurso ou sua maior responsabilidade, pois abarca tudo que você controla: mente, corpo e alma. A personalidade de uma pessoa é a pessoa em si. Ela molda a natureza dos seus pensamentos, seus atos, seus relacionamentos com os outros e estabelece os limites do espaço que você ocupa no mundo!

▹ É essencial que você desenvolva uma personalidade agradável – agradável para você mesmo e para os outros.

▹ É imperativo que você desenvolva o hábito de ser sensível às suas reações a indivíduos, circunstâncias e eventos; e as reações de indivíduos e grupos ao que você diz, pensa ou faz.

Fatores positivos de uma personalidade agradável:

Atitude Mental Positiva	Espírito esportivo	Tolerância
Sinceridade	Ser atento	Senso de humor
Cortesia	Humildade de coração	Afeição pelas pessoas
Hábito de sorrir	Mente flexível	Entusiasmo
Tato	Controle do temperamento/emoções	Magnetismo pessoal
Paciência	Tom de voz agradável	Rapidez nas decisões
Vestir-se adequadamente	Expressão facial	Senso de justiça

6 Desenvolva a iniciativa pessoal

A iniciativa pessoal é o poder interior que começa toda ação. É o poder que leva você a concluir aquilo que começou. É o dínamo que incita a faculdade da imaginação à *ação.*

É, de fato, a *automotivação.*

▹ A motivação é aquilo que induz a ação ou determina a escolha. É aquilo que proporciona um motivo. Um motivo é aquela vontade interior do indivíduo que o incita à *ação,* como uma ideia, uma emoção, um desejo ou impulso. É uma esperança ou outra força que inicia a tentativa de produzir resultados específicos.

▹ Ao descobrir os princípios que podem motivá-lo, você saberá como motivar os outros.

▹ Motive-se com a AMP. A esperança é o ingrediente mágico da motivação, mas o segredo da conquista é entrar em *ação.*

USE E DESENVOLVA SEU GATILHO – FAÇA ISSO AGORA!

OS PRINCÍPIOS DA FILOSOFIA DO SUCESSO DE NAPOLEON HILL

OS PRINCÍPIOS DA FILOSOFIA DO SUCESSO DE NAPOLEON HILL

7 Desenvolva e mantenha uma Atitude Mental Positiva

AMP significa Atitude Mental Positiva.

Uma Atitude Mental Positiva é o *pensamento*, a *ação* ou a reação *corretos, honestos* e *construtivos* diante de qualquer pessoa, situação ou conjunto de circunstâncias, que não violem as leis de Deus ou os direitos do próximo.

- A AMP permite que você cresça com a esperança e supere as atitudes negativas de desespero e desencorajamento.
- A AMP proporciona a você a energia mental, a sensação, a confiança de realmente poder fazer qualquer coisa que decidir. A AMP é comumente mencionada como a atitude de "EU POSSO... EU CONSIGO", aplicável a todas as circunstâncias desafiadoras da vida.
- Você cria e mantém uma Atitude Mental Positiva por meio da sua força de vontade, com base naquilo que o motiva. Para desenvolver a AMP: busque entender e aplicar a Regra de Ouro; tenha consideração e sensibilidade diante das reações dos outros; tenha sensibilidade para as suas reações; tenha autocontrole emocional diante das influências do ambiente; veja o bem nos outros; acredite que qualquer meta pode ser alcançada; e desenvolva bons hábitos, tanto em pensamentos como em ações.
- Uma Atitude Mental Positiva é o catalisador necessário para alcançar sucesso válido. A conquista é alcançada por meio da combinação da AMP e definição de propósito com um ou mais dos outros quinze princípios de sucesso.

8 Entusiasmo – um sentimento inspirado

Uma pessoa sem entusiasmo é como um relógio sem sua mola principal. Diz o padre John O'Brien, professor e pesquisador de teologia da Universidade de Notre Dame: "O primeiro ingrediente que acredito ser absolutamente necessário para um indivíduo bem-sucedido, eficiente e competente é o entusiasmo". Ele diz também: "'Entusiasmo' vem das palavras gregas que nos permitem enxergar sua raiz - seu significado básico, fundamental, original. A primeira é *theos*, que significa Deus. As outras são *en-tae*, de modo que, no uso desse termo pelos gregos antigos, significava literalmente *Deus dentro de você*". E ainda acrescentou: "Nenhuma batalha importante pode ser vencida sem o entusiasmo".

Para ter entusiasmo a fim de alcançar uma meta desejada, mantenha a mente focada na sua meta dia após dia. Quanto mais seus objetivos forem válidos e desejados, mais dedicado e entusiasmado você ficará. Entenda e aja segundo a afirmação de William James: "As emoções nem sempre se sujeitam imediatamente à razão, mas *sempre se sujeitam imediatamente à ação*. O entusiasmo floresce numa mente positiva e na ação positiva".

O verdadeiro entusiasmo vem de dentro. Contudo, ter entusiasmo é como tirar água de um poço: primeiro você tem que bombear, mas logo a água não para mais de fluir. Você pode ter entusiasmo com tudo que conhecer e fizer. O entusiasmo é uma característica da AMP.

OS PRINCÍPIOS
DA FILOSOFIA
DO SUCESSO DE
NAPOLEON HILL

OS PRINCÍPIOS
DA FILOSOFIA
DO SUCESSO DE
NAPOLEON HILL

9 Exercite a autodisciplina

A autodisciplina lhe permite desenvolver controle sobre si mesmo. A autodisciplina começa com o domínio dos pensamentos, do que você realmente é, o que realmente faz. Tanto seus fracassos quanto seus sucessos são resultados dos seus hábitos. Nós somos criaturas de hábitos, mas, visto que somos uma mente com um corpo, podemos mudar nossos hábitos.

- A autodisciplina talvez seja a função mais importante para ajudar um indivíduo a desenvolver e manter hábitos de pensamento que lhe permitem fixar toda a sua atenção num propósito desejado ou mantê-la ali enquanto esse propósito não for alcançado.
- Se você não controla os seus pensamentos, você não controla os seus atos. Primeiro pense, depois aja. A autodisciplina é o princípio pelo qual você pode moldar voluntariamente os padrões dos seus pensamentos para harmonizá-los com seus objetivos e seus propósitos.

DIRECIONE SEUS PENSAMENTOS, CONTROLE SUAS EMOÇÕES, COMANDE O SEU DESTINO COM A AMP.

10 Desenvolva o pensamento preciso

O pensamento preciso baseia-se em dois fundamentos principais:

a. Raciocínio indutivo baseado na suposição de fatos desconhecidos ou hipóteses.
b. Raciocínio dedutivo baseado em fatos conhecidos ou no que se acredita serem fatos.

Na escola, aprendemos os raciocínios dedutivo e indutivo, e a falácia que resultará em começar com a premissa errada numa instância e fazer a inferência errada na outra. O pensamento preciso e o senso comum são, em parte, resultado de experiências. Você pode aprender com as suas experiências, bem como com as dos outros, quando aprende a reconhecer, relacionar, assimilar e aplicar princípios no intuito de alcançar suas metas.

a. Separe fatos de ficção ou evidência de boatos.
b. Organize os fatos em duas classes: importantes e não importantes.

Tenha cuidado com as opiniões alheias. Elas podem ser nocivas e destrutivas. Certifique-se de que as suas opiniões não sejam os preconceitos dos outros. O pensador preciso aprende a usar o próprio julgamento e a ser cauteloso, seja lá quem for que tente influenciá-lo.

A VERDADE SERÁ A VERDADE, A DESPEITO DE UMA MENTE FECHADA, DA IGNORÂNCIA OU DA RECUSA EM ACREDITAR.

OS PRINCÍPIOS DA FILOSOFIA DO SUCESSO DE NAPOLEON HILL

OS PRINCÍPIOS DA FILOSOFIA DO SUCESSO DE NAPOLEON HILL

11 Desenvolva a concentração

A concentração é o poder mental organizado. Ela é a forma mais elevada de autodisciplina. É o ato de coordenar todas as faculdades da mente e direcionar seu poder combinado para um objetivo determinado ou definido. É uma ação que pode ser obtida somente pelo tipo mais estrito de autodisciplina.

É óbvio, portanto, que quando você fixa voluntariamente a sua atenção num propósito maior definido de natureza positiva e força a sua mente por meio dos seus hábitos diários a permanecer no assunto, você condiciona a sua mente subconsciente a agir nesse propósito. A concentração, quando está dirigida ao objeto do seu propósito maior definido, é um meio pelo qual você faz a aplicação positiva do princípio da autossugestão.

A mente nunca fica inativa, nem mesmo durante o sono. Ela trabalha continuamente reagindo à influência que a alcança. Portanto, o objetivo da concentração é manter a sua mente ocupada com pensamentos que podem ser úteis na obtenção do seu objetivo.

A concentração é o autodomínio do mais elevado grau, pois é fato conhecido que a pessoa que controla a própria mente pode controlar todo o resto.

12 Valorize o trabalho em equipe – cooperação

O trabalho em equipe é a cooperação e a coordenação de esforços para alcançar um objetivo específico. Quando o espírito do trabalho em equipe tem disposição, é voluntário e livre, ele leva à obtenção de uma energia grande e duradoura.

O trabalho em equipe é um sistema que coordena os recursos e talentos de todos os atores do time, e automaticamente desencoraja desonestidade e injustiça, enquanto compensa adequadamente os indivíduos que servem de forma honesta, com altruísmo.

O trabalho em equipe difere do princípio do MasterMind por basear-se na coordenação de esforços sem necessariamente abranger o princípio da definição de propósito ou o princípio da harmonia, dois aspectos essenciais do MasterMind.

O trabalho em equipe produz energia, que poderá ser temporária ou permanente, dependendo do motivo que inspirou a cooperação. Se o motivo é algo que inspira as pessoas a cooperar com disposição, a energia produzida por esse tipo de trabalho em equipe vai durar enquanto o espírito de disposição prevalecer.

O trabalho em equipe constrói indivíduos e negócios e fornece oportunidades ilimitadas para todos. O trabalho em equipe é partilhar um pouco do que você tem de melhor com os outros.

OS PRINCÍPIOS DA FILOSOFIA DO SUCESSO DE NAPOLEON HILL

OS PRINCÍPIOS DA FILOSOFIA DO SUCESSO DE NAPOLEON HILL

13 Aprenda com adversidades e derrotas

Toda adversidade carrega consigo a semente de um benefício equivalente ou maior para aqueles que têm AMP e a aplicam.

- A derrota temporária pode ser uma pedra de tropeço, conforme a sua atitude mental e como você se relaciona com ela.
- A derrota temporária nunca é o mesmo que o fracasso, a não ser que seja aceita como tal.

Sua atitude mental a respeito da derrota é o fator que determinará se você navegará nas ondas da fortuna ou do infortúnio. A pessoa que tem Atitude Mental Positiva reage à derrota com o espírito de determinação de não a aceitar. A pessoa que tem atitude mental negativa reage à derrota com o espírito de aceitação da incapacidade.

A pior coisa que lhe aconteceu pode ser a melhor se você não se deixar abater.

TODA ADVERSIDADE CARREGA CONSIGO A SEMENTE DE UM BENEFÍCIO EQUIVALENTE OU MAIOR PARA AQUELES QUE TÊM AMP E A APLICAM.

14 Cultive a visão criativa – imaginação

O maior dom do homem é sua mente. Ela analisa, compara, escolhe. Ela cria, visualiza, prevê e gera ideias.

- A imaginação é o exercício, o desafio e a aventura da mente.
- A imaginação é a chave para todas as realizações pessoais; a mola principal de todas as empreitadas humanas; a porta secreta para a alma de uma pessoa. A imaginação inspira as empreitadas humanas em conexão com coisas materiais e ideias associadas com coisas materiais.
- A imaginação é a estação de trabalho da mente humana, onde ideias antigas e fatos estabelecidos podem ser rearranjados em novas combinações e novas funções. É o ato do intelecto construtivo ao agrupar materiais, conhecimento e pensamentos em sistemas novos, originais e racionais; uma faculdade construtiva ou criativa que abarca a imaginação poética, artística, filosófica, científica e ética.
- A visão criativa talvez seja uma qualidade inata da mente, ou talvez uma qualidade adquirida, pois pode ser desenvolvida pelo uso livre e sem medo da faculdade da imaginação.
- A visão criativa se estende para além do interesse nas coisas materiais. Ela julga o futuro pelo passado e preocupa-se mais com o futuro do que com o passado.

OS PRINCÍPIOS DA FILOSOFIA DO SUCESSO DE NAPOLEON HILL

OS PRINCÍPIOS DA FILOSOFIA DO SUCESSO DE NAPOLEON HILL

15 Cuide da saúde mental e física

Você é uma mente com um corpo. Uma vez que seu cérebro controla o seu corpo, reconheça que a saúde física demanda uma Atitude Mental Positiva, uma consciência de saúde. Estabeleça hábitos saudáveis, balanceados, no trabalho, no lazer, no descanso, na nutrição e no estudo. Para ter sempre uma consciência de saúde, pense em termos de saúde física, não de doença. Lembre-se de que aquilo que sua mente foca ela leva à manifestação, seja o sucesso financeiro, seja um corpo saudável.

Para manter uma atitude positiva a fim de desenvolver e conservar uma consciência de saúde, tenha a mente sempre livre de más influências e pensamentos negativos com a autodisciplina, e crie e sustente uma vida equilibrada. Depois de trabalhar, divirta-se; depois do esforço mental, faça o físico; depois da seriedade, busque o humor, e você estará no caminho rumo à saúde e à felicidade.

Mente sã e corpo são podem ser alcançados se você colocar sua AMP para trabalhar a seu favor. Lembre-se: você pode desfrutar de uma boa saúde e viver muito mais com a AMP.

SINTO-ME SAUDÁVEL! ESTOU FELIZ! ESTOU ÓTIMO!

16 Faça um orçamento de tempo e dinheiro

Equilibre com inteligência o uso que você faz de tempo e dinheiro tanto nos negócios quanto na vida pessoal. Faça um inventário de si mesmo e das suas atividades, para poder descobrir onde e como você está gastando tempo e dinheiro.

▹ Desenvolva um indicador de sucesso para inspecionar e fazer um levantamento pessoal, tendo um registro escrito dos seus hábitos diários.

Como os homens mais bem-sucedidos da história, você pode usar seu indicador de sucesso para gastar tempo e dinheiro de maneira sábia.

▹ Gaste seu tempo com estudo, pensamento e planejamento.

▹ Não desperdice tempo e dinheiro. Dez por cento de tudo que você ganha é seu, para guardar e investir. Como em qualquer bom negócio, faça um orçamento do seu dinheiro. Use seu tempo com sabedoria rumo à realização dos seus objetivos. Faça um plano para o uso dos seus rendimentos em despesas, economia e investimentos.

NEM SEMPRE VOCÊ GANHA AQUILO QUE ESPERA SE VOCÊ NÃO CONTROLAR